职业教育信息技术类专业“十三五”规划教材

Office 2010 办公软件高级应用

王文兵　姚庆玲　主　编
魏娟娟　刘晓慧　副主编

中国铁道出版社有限公司
CHINA RAILWAY PUBLISHING HOUSE CO., LTD.

内容简介

本书以岗位职业能力分析和职业技能考证为指导，以岗位任务为引领，以工作任务为载体，强调理论与实践相结合；体系安排遵循学生的认知规律，注意深入浅出地讲解，同时结合全国计算机等级考试大纲的要求，让学生更多地去练习。全书主要讲述了Word文档处理、Excel高级应用、PowerPoint演示文稿制作，最后给出9个实训项目。

通过对本书的学习，学生在学习计算机文化基础上可以更多地提高应用技能，熟练地完成日常办公事务性工作；能将办公自动化软件作为一个多功能工具加以使用。学生在完成任务的过程中学会分析任务，以选择不同的应用软件，提高解决问题的能力，学会创造性地完成任务。本书后配有数字化资源，其中包含学习过程中用到的案例文件、素材文件及样张、微课等。

本书适合作为职业院校计算机及应用专业或相关专业的教材，也可以作为社会培训班的培训教材，以及参加全国计算机等级考试考生的参考用书。

图书在版编目（CIP）数据

Office 2010办公软件高级应用 / 王文兵，姚庆玲主编. — 北京：中国铁道出版社，2017.1（2022.1重印）
职业教育信息技术类专业“十三五”规划教材
ISBN 978-7-113-22637-4

Ⅰ. ①O… Ⅱ. ①王… ②姚… Ⅲ. ①办公自动化-应用软件-职业教育-教材 Ⅳ. ①TP317.1

中国版本图书馆CIP数据核字（2016）第309019号

书　　名：Office 2010 办公软件高级应用
作　　者：王文兵　姚庆玲

策　　划：邬郑希　　　　编辑部电话：（010）83527746
责任编辑：邬郑希　尹　娜
封面设计：刘　颖
封面制作：白　雪
责任校对：王　杰
责任印制：樊启鹏

出版发行：中国铁道出版社有限公司（100054，北京市西城区右安门西街8号）
网　　址：http://www.tdpress.com/51eds/
印　　刷：三河市兴达印务有限公司
版　　次：2017年1月第1版　　2022年1月第4次印刷
开　　本：787 mm×1 092 mm　1/16　印张：8　字数：176千
书　　号：ISBN 978-7-113-22637-4
定　　价：29.00元

前言

FOREWORD

本书紧扣全国计算机等级考试一级和二级MS Office考试大纲和教育部“计算机基础”教学大纲的要求，联系我国目前院校计算机基础教学的实际情况，突出以应用为核心，以培养实际动手能力为重点的理念，符合学生心理特征和认知、技能养成规律。

本书根据一线教师的多年实践和教学经验，从办公人员的实际需求出发，以通俗易懂的语言，精心挑选了12个常用的办公案例编写而成。

全书分为4部分，主要内容包括项目一Word文档处理、项目二Excel高级应用、项目三PowerPoint演示文稿制作，以及项目实训。其中项目一主要介绍公文制作、邀请函制作、长文档的编辑与处理、长文档中图和表的处理等知识；项目二主要介绍成绩统计表分析、员工工资表分析、年级成绩综合表分析、销售统计表分析、数据分析与运算等知识；项目三主要介绍公司宣传片封面、结尾、内容及声音、视频的制作、公司宣传片形式多样化处理、公司宣传片动画效果制作；项目实训是针对前3个项目而编写的9个实训，便于所学知识和技能的进一步巩固与提高。

本课程以实践课为主，为便于教学过程的顺利开展，建议在学校网络环境下进行。这样，既便于教师的知识讲解和练习指导，又有利于学生提高学习效率，加大知识传授的信息量，理论联系实际，保证课堂教学的效果。

本书由王文兵、姚庆玲任主编，魏娟娟、刘晓慧任副主编，李铁君、曹景棚、李阳、杨丹、徐笑、王玲、王韵芸参与编写，编写分工如下：魏娟娟编写了项目一，姚庆玲编写了项目二，刘晓慧编写了项目三和附录，李铁军、曹景鹏、李阳共同参与编写了项目实训中的实训一、实训二、实训三和实训四；杨丹、徐笑、王玲、王韵芸共同参与编写了项目实训中的实训五、实训六、实训七、实训八和实训九。全书由王文兵统稿。参加本书编写的作者都是具备扎实的专业知识和丰富的教学实践能力的一线教师。对于本书的课时安排，作者建议Word 20学时、Excel 30学时、PowerPoint 10学时和实训30学时，总计90学时。

由于编者水平有限，书中难免存在疏漏及不妥之处，请各位专家、老师和广大读者不吝指正。

编　者

2016年5月

前言

目 录

CONTENTS

项目一
Word文档处理

本项目介绍的是Word软件的高级应用，从公文的制作到长文档的编辑，为以后熟练使用Word软件奠定坚实的技术基础。通过本项目的学习，学生能够掌握Word文档处理常用格式设置的方法，并能善于设计各类文档的排版效果。

学习目标

1．掌握公文制作的方法；

2．掌握邮件合并的方法；

3．掌握长文档排版和图表编辑处理的方法。

案例一　公文制作

"公文制作"微课，请扫二维码。

Word是目前最常用的文字处理软件，利用Word制作公文十分快捷方便。本案例制作的公文最终效果如图 1－1－1 所示。

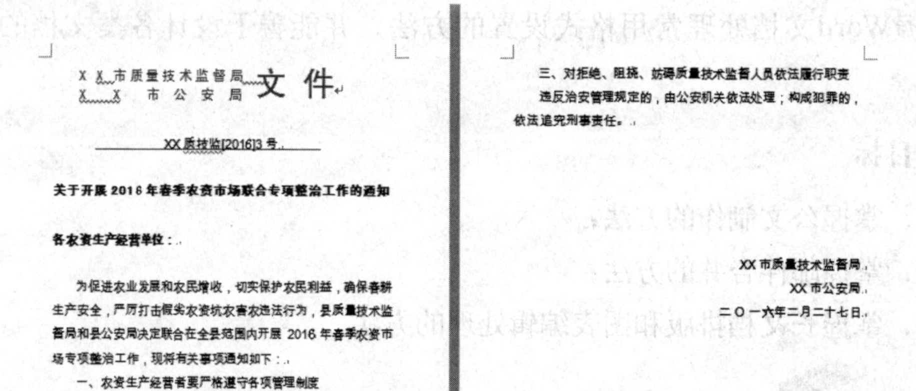

X X 市质量技术监督局
X X 市公安局 文件

XX 质技监[2016]3 号

关于开展 2016 年春季农资市场联合专项整治工作的通知

各农资生产经营单位：

为促进农业发展和农民增收，切实保护农民利益，确保春耕生产安全，严厉打击假劣农资坑农害农违法行为，县质量技术监督局和县公安局决定联合在全县范围内开展 2016 年春季农资市场专项整治工作，现将有关事项通知如下：

一、农资生产经营者要严格遵守各项管理制度

1、凡生产、经营种子、肥料、农药、农机具等农资商品的必须取得相应的许可，方可从事经营活动；

2、做到守法经营、文明经营，诚信经营，自觉抵制和主动协助执法机关打击各种经销假冒伪劣农资坑农害农的违法行为。

二、农资生产、经营者不得从事下列经营行为

1、依法应当取得生产、经营许可证和营业执照而未取得生产、经营许可证和营业执照或超过核准经营范围和期限从事农资生产、经营活动的；

2、其他违反法律、法规规定的行为。

三、对拒绝、阻挠、妨碍质量技术监督人员依法履行职责违反治安管理规定的，由公安机关依法处理；构成犯罪的，依法追究刑事责任。

XX 市质量技术监督局
XX 市公安局
二〇一六年二月二十七日

主题词：农资　联合整治　通知

抄送：XX 市委、XX 市政府

XX 市质量技术监督局　2016 年 2 月 27 日印发

图　1－1－1

实现步骤

步骤	图示及详解

1. 字符格式设置

（1）打开文件“公文素材”，将标题“关于开展2016年春季农资市场联合专项整治工作的通知”设置为黑体、小二号、加粗。

（2）将正文设置为仿宋体、三号，如图1－1－2所示，其中，“各农资生产经营单位”加粗显示。

（3）将公文“发文机关”“发文日期”“抄送机关”“发文单位”“印发日期”设置为仿宋体、三号；将“主题词”设置为宋体、三号、加粗。

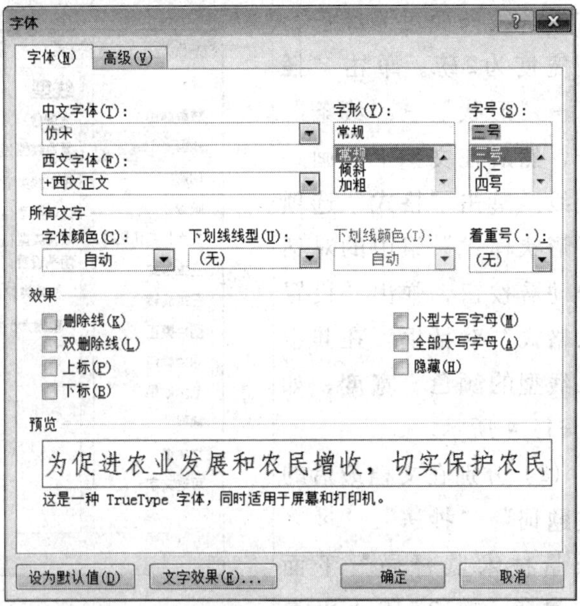

图　1－1－2

2. 段落格式设置

（1）将标题“关于开展2016年春季农资市场联合专项整治工作的通知”设置为“居中对齐”、段前1行、段后1行。

（2）将公文正文第2段“为促进农业发展和农民增收，……”到第9段“……依法追究刑事责任。”设置为“两端对齐、首行缩进2个字符、单倍行距”，如图1－1－3所示。

（3）将公文中的“××质技监[2016]3号”文本设置为仿宋、三号、居中对齐、段前1行、段后1行。

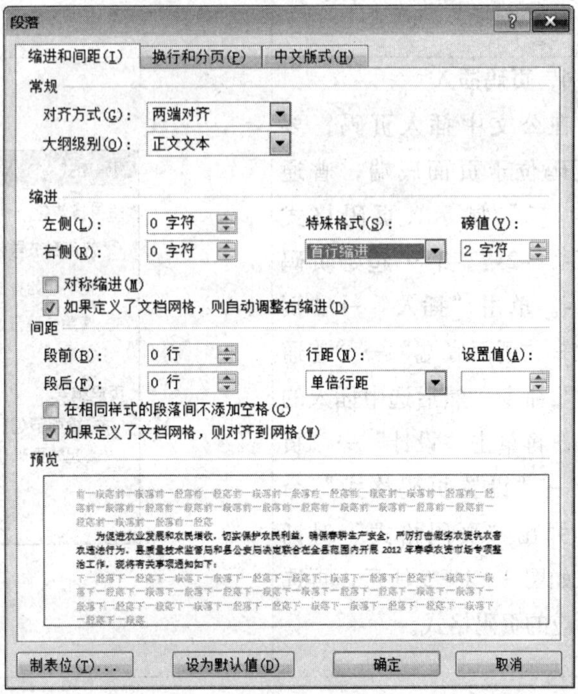

图　1－1－3

步骤	图示及详解
3. 绘制水平直线 （1）绘制一条水平直线，要求线条颜色为红色，线型宽度为2磅。单击“插入”→“形状”→“线条”命令，然后在文字下面画一条直线。单击“格式”选项卡“形状样式”组中的对话框启动器按钮，弹出“设置形状格式”对话框，在其中设置线型的颜色、宽度，如图 1-1-4 所示。 （2）分别在文档最后的“主题词”“抄送”“××市质量技术监督局”下面画“黑色、1.25磅水平直线”“黑色、0.75磅水平直线”“黑色、1磅水平直线”。	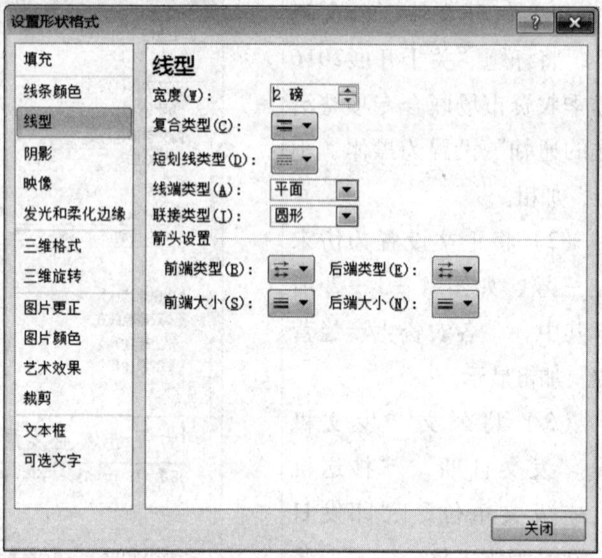 图 1-1-4
4. 页码插入 在公文中插入页码，要求页码位于页面底端，普通数字“2”显示，页码格式为-1-、-2-、-3-…起始页码为-1-。单击“插入”→“页码”→“页面底端”→“普通数字”命令，然后选中插入的数字，再单击“设计”→“页码”→“设置页码格式”命令，弹出“页码格式”对话框，如图 1-1-5 所示，再选择相应的页码格式。	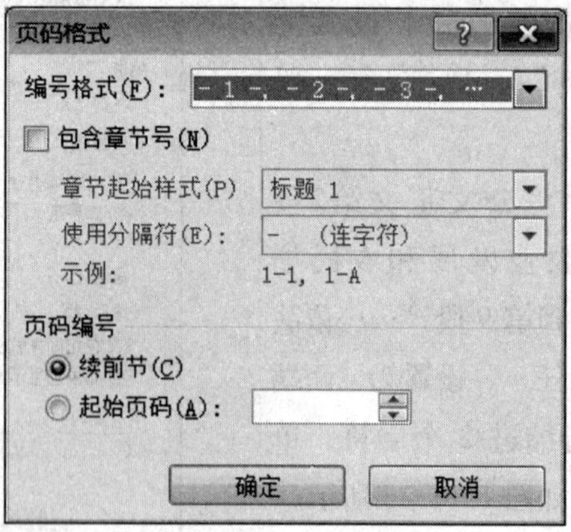 图 1-1-5

步骤	图示及详解
5. 页面设置 页面设置要求：纸张采用A4纸，纵向，上、下、左、右页边距均为2.5厘米，每页23行，如图1-1-6和图1-1-7所示。	见图1-1-6、图1-1-7

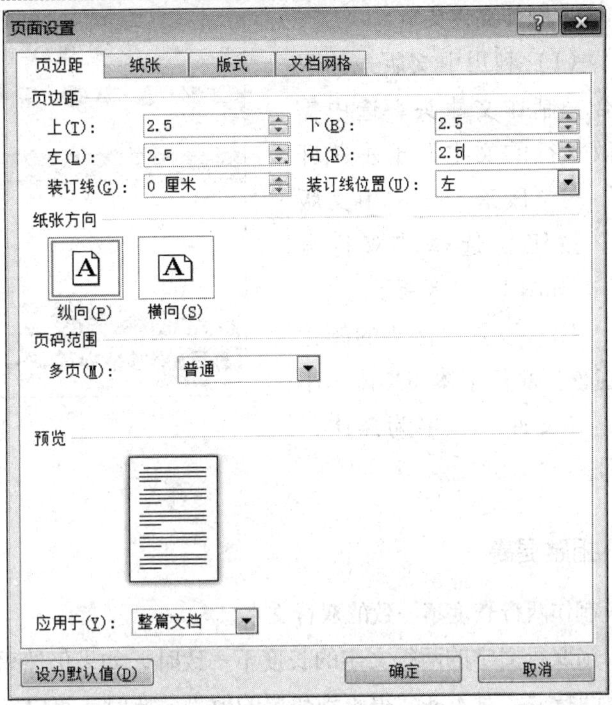

图　1-1-6

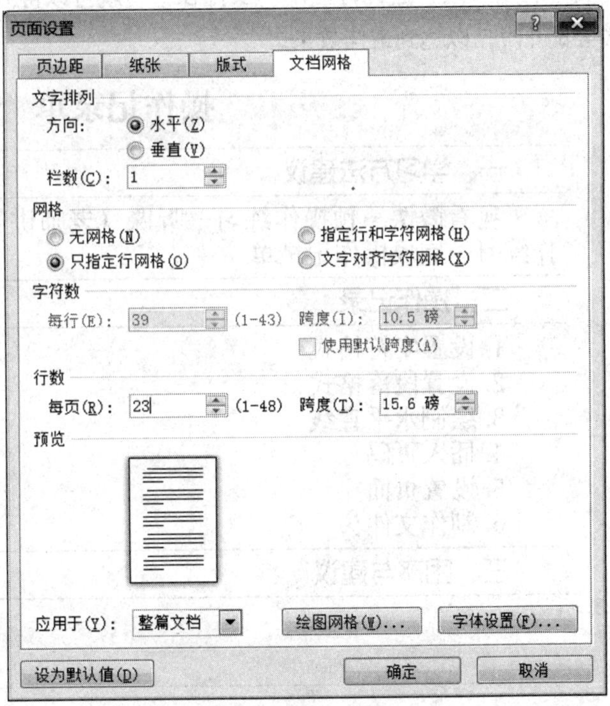

图　1-1-7

<table>
<tr><th>步骤</th><th>图示及详解</th></tr>
<tr><td>

6．制作文件头

（1）利用中文版式的双行合一制作文件头。选中需要做双行的文字，单击“开始”→“段落”→“中文版式”按钮，选择“双行合一”，如图 1-1-8 所示。

（2）设置文件头的颜色为红色，双行字体为黑体、小初，“文件”二字为黑体、初号。

</td><td>

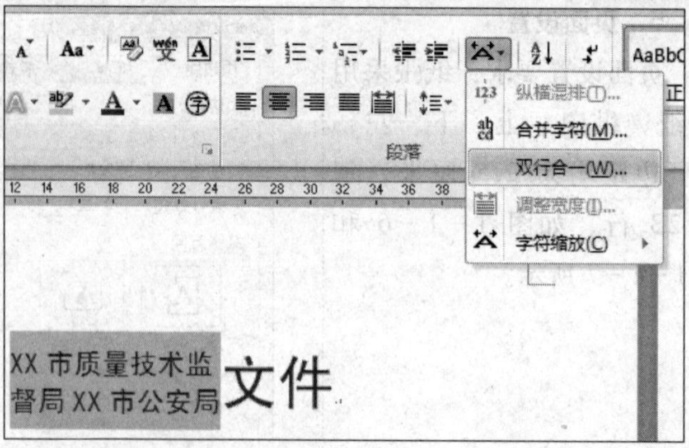

图 1-1-8

</td></tr>
</table>

拓展提高

制作两行长度不一致的双行文字。

当双行文字的两行文字的长度不一致时，如果仍然采用简单的制作双行文字的做法就会导致两行文字对不齐，得不到想要的效果。此时，可以在字少的那一行后面添加空格，使得两行文字长度一致，这时再应用“双行合一”就可以得到较好的效果。至于空格的多少，可以多尝试几次，以达到最佳效果。

操作记录单

一、学习方法建议

观看微课→预操作练习→听课（老师讲解、示范、拓展）→再操作练习→完成操作记录单

二、操作记录

1. 设置字符格式 □
2. 设置段落格式 □
3. 绘制水平直线 □
4. 插入页码 □
5. 设置页面 □
6. 制作文件头 □

三、困惑与建议

案例二　邀请函制作

"邀请函制作"微课，请扫二维码。

邀请函是邀请亲朋好友或知名人士、专家等参加某项活动时所发的请约性书信。本案例制作邀请函的最终效果如图 1－2－1 所示。

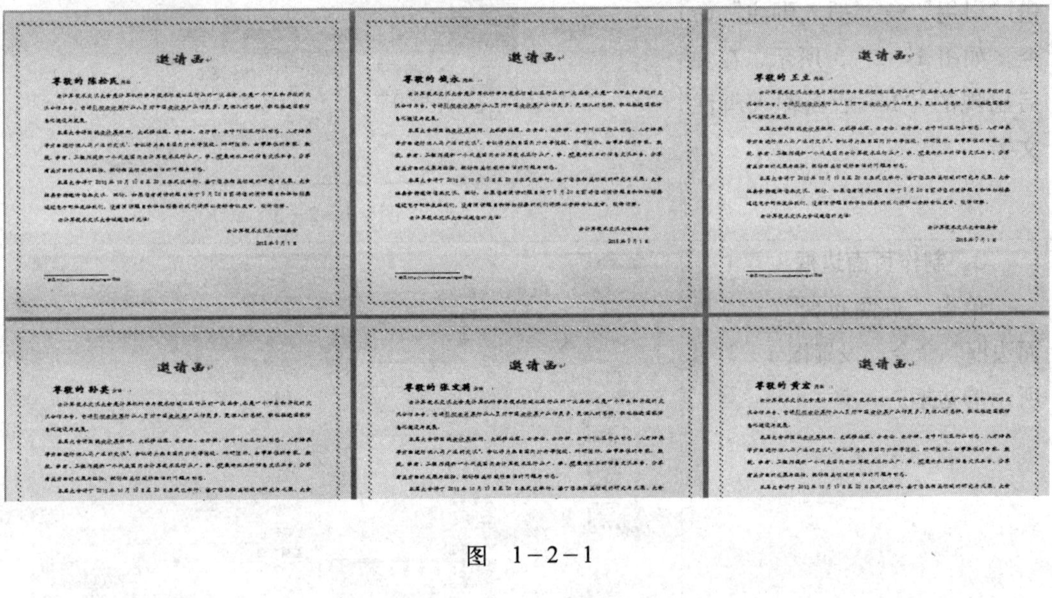

图　1－2－1

实现步骤

步骤	图示及详解
1. 字符与段落格式设置 （1）设置标题“邀请函”为华文新魏、小初、加粗、红色。 （2）设置“尊敬的”字样为华文楷体、二号、加粗、黑色，如图 1−2−2 所示。 （3）设置正文为华文楷体、四号、黑色。 （4）设置所有的段落格式为段前段后 0 行、单倍行距、首行缩进 2 字符。	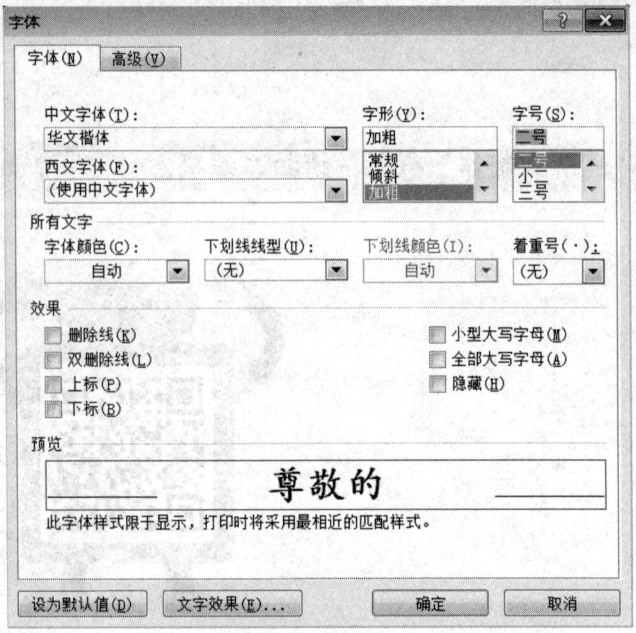 图　1−2−2
2. 脚注设置 选中文字“交流”，单击“引用”→“插入脚注”命令，如图 1−2−3 所示，在文后出现的“1”后面输入脚注文字。	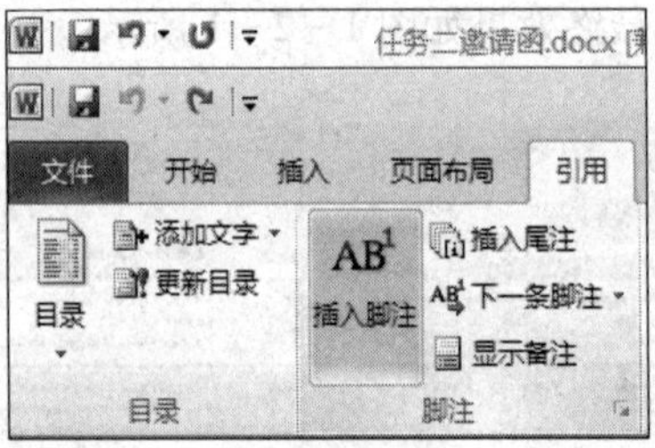 图　1−2−3
3. 制作页面边框 单击“页面布局”→“页面边框”命令，设置图 1−2−4 所示的边框。	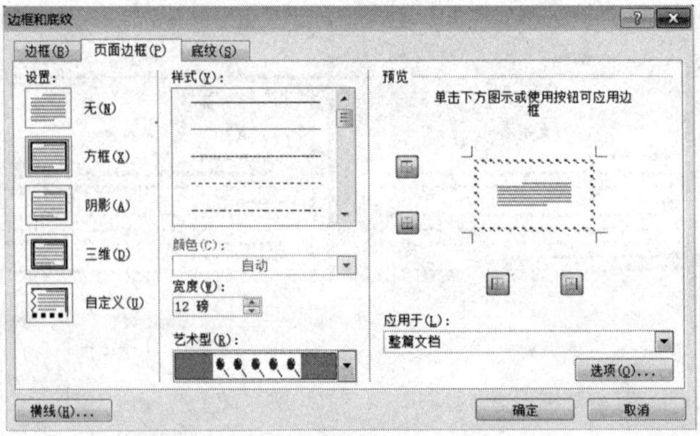 图　1−2−4

<table>
<tr><th>步骤</th><th>图示及详解</th></tr>
<tr><td>

4．邮件合并——选取收件人列表

将光标置于“尊敬的”之后，单击“邮件”→“开始邮件合并”→“信函”→“选择收件人”→“使用现有列表”命令，然后选择现有Excel文件“Word人员名单”，如图1－2－5所示。

</td><td>

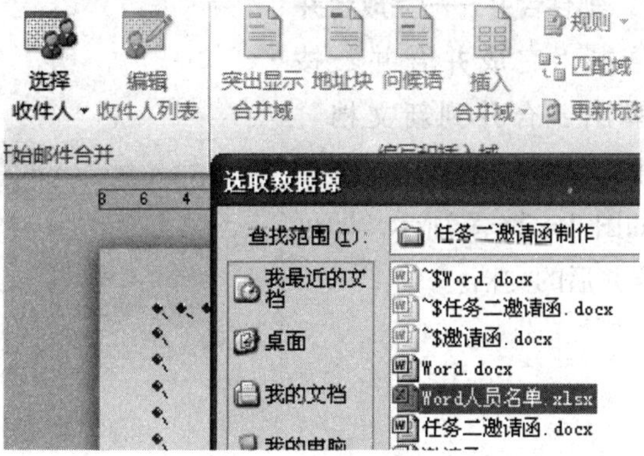

图　1－2－5

</td></tr>
<tr><td>

5．邮件合并——插入合并域

选择列表文件后，单击“编辑收件人列表”查看文件，确认列表无误后，单击“插入合并域”按钮，选择姓名，如图1－2－6所示。

</td><td>

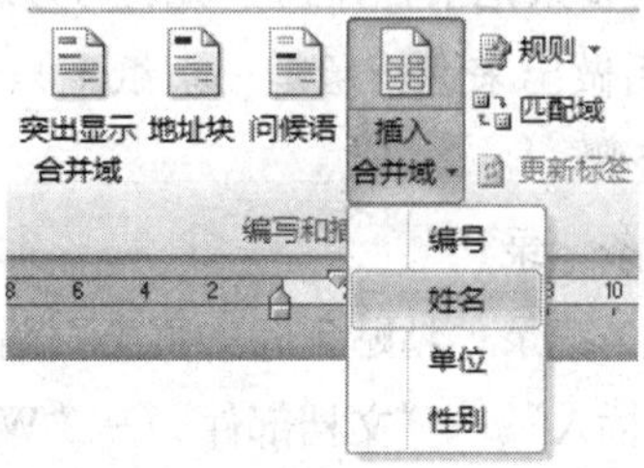

图　1－2－6

</td></tr>
<tr><td>

6．邮件合并——设置规则

单击“规则”按钮，选择“如果……那么……否则”，在弹出的对话框中进行设置：域名为“性别”、比较条件为“等于”、比较对象为“男”、则插入此文字为“先生”；否则插入此文字为“女士”，如图1－2－7所示。

</td><td>

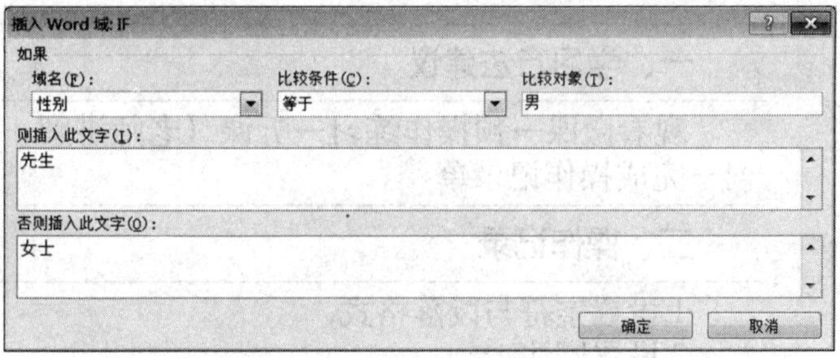

图　1－2－7

</td></tr>
</table>

步骤	图示及详解
7．邮件合并——完成合并 单击“完成并合并”按钮，弹出“合并到新文档”对话框，选择“全部”单选按钮，如图 1－2－8 所示，即可看到合并后的文档。	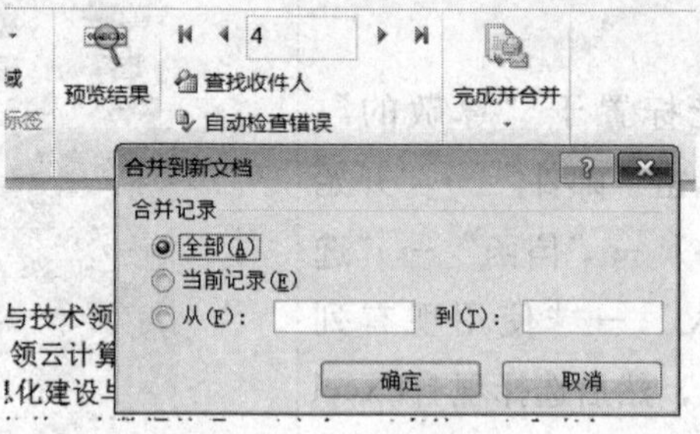 图 1－2－8

拓展提高

邮件合并的多条记录合并到一页纸的方法。

邮件合并后做出来邀请函是一页纸上只有一条记录，如果想在一页纸上有多条记录，则需要多做几个步骤：

1．做好一条记录。

2．复制这条记录，粘贴到同一页上，两条记录之间用空行来分隔。

3．单击“插入”→“文档部件”→“Word域”→“全部类型”→“Next”命令。

4．单击“邮件”→“完成并合并”→“编辑单个文档”命令，即可将多条记录合并到一页纸。

操作记录单

一、学习方法建议

观看微课→预操作练习→听课（老师讲解、示范、拓展）→再操作练习→完成操作记录单

二、操作记录

1.设置字符与段落格式 □
2.设置脚注 □
3.设置页面边框 □
4.选取收件人列表 □
5.插入合并域 □
6.设置规则 □
7.完成合并 □

三、困惑与建议

案例三　长文档的编辑与处理

"长文档的编辑与处理"微课，请扫二维码。

(a)

(b)

毕业论文是需要在学业完成前写作并提交的论文，是教学或科研活动的重要组成部分之一。而本案例介绍的是同学们经常遇到的毕业论文的格式排版问题，下面将一起来学习如何制作比较长的文档，最终效果如图 1－3－1 所示。

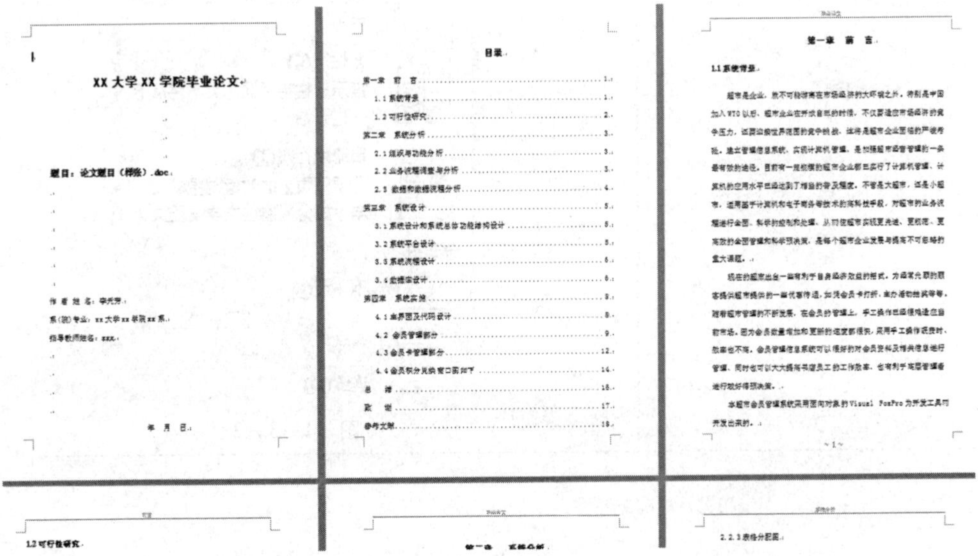

XX 大学 XX 学院毕业论文

题目：论文题目（样张）.doc

作 者 姓 名：李元齐

系(院)专业：xx 大学 xx 学院 xx 系

指导教师姓名：xxx

年　月　日

目录

第一章　前　言

1.1 系统背景

超市是企业，然不可能游离在市场经济的大环境之外，特别是中国加入 WTO 以后、超市企业在开放自己的时候，不仅要适应市场经济的竞争压力，还要迎接世界范围的竞争挑战，这将是超市企业面临的严峻考验。建立管理信息系统，实现计算机管理，是加强超市经营管理的一条最有效的途径。目前有一定规模的超市企业都已实行了计算机管理，计算机的应用水平已经达到了相当的普及程度。不管是大超市，还是小超市，运用基于计算机和电子商务等技术的高科技手段，对超市的业务流程进行全面、科学的控制和处理，从而使超市实现更先进、更规范、更高效的全面管理和科学预决策，是每个超市企业发展与提高不可忽略的重大课题。

现在的超市出台一些有利于自身经济效益的招式，为经常光顾的顾客提供超市提供的一些优惠待遇，如凭会员卡打折，主办活动抽奖等等。随着超市管理的不断发展，在会员的管理上，手工操作已经很难适应当前市场。因为会员数量增加和更新的速度都很快，采用手工操作既费时、效率也不高。会员管理信息系统可以很好的对会员资料及相关信息进行管理，同时也可以大大提高书店员工的工作效率，也有利于高层管理者进行较好得预决策。

本超市会员管理系统采用面向对象的 Visual FoxPro 为开发工具而开发出来的。

~1~

1.2 可行性研究

第二章　系统分析

2.2.3 表格分层图

图　1－3－1

实现步骤

步骤	图示及详解
1．设置封面格式 （1）输入文字“××大学××学院毕业论文”，设置为黑体、二号、加粗、黑色。 （2）设置“题目”字样为宋体、三号、加粗、黑色。 （3）设置封面其他文字为宋体、四号、黑色。 （4）设置所有的段落格式为段前段后 0 行、单倍行距。	选中需要设置的文字，单击“开始”选项卡“字体”组中的对话框启动器按钮，弹出“字体”对话框进行设置。 选中需要设置格式的段落，单击“开始”选项卡“段落”组中的对话框启动器按钮，弹出“段落”对话框进行设置。
2．长文档分节 将封面、正文各章节、总结、致谢、参考文献各作为一节。 在封面与正文第一章之间插入一个新节。	将光标置于封面结尾，单击“页面布局”→“分隔符”→“下一页”命令，如图 1-3-2 所示，则封面自动设置成第一节。 其他各节参照以上步骤设置。 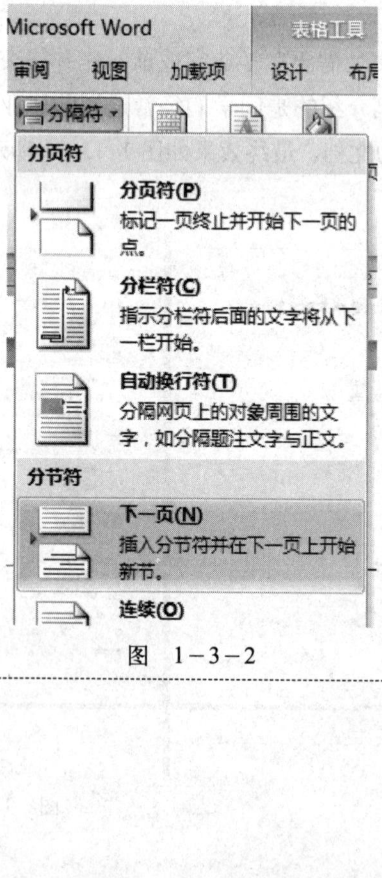 图 1-3-2

步骤	图示及详解
3．设置文章标题与正文的样式 （1）新建样式。新建“章标题”“节标题”两个标题样式。 （2）设置节标题的样式。名称：节标题；字体格式，西文字体：Times New Roman，中文字体：宋体。四号、加粗、左对齐。段落格式：大纲级别2级，段前段后各1行，首行缩进2字符，单倍行距。	单击“开始”选项卡“样式”组中的对话框启动器按钮，弹出“样式”对话框，如图1－3－3所示，单击左下角第一个按钮“新建样式”，弹出“根据格式设置创建新样式”对话框，如图1－3－4所示，将名称“样式1”改为“章标题”，字体格式设置为黑体、小三、加粗、居中对齐。单击左下角的“格式”按钮，选择段落，将段落格式设置为大纲级别1级，段前段后各1行，单倍行距。

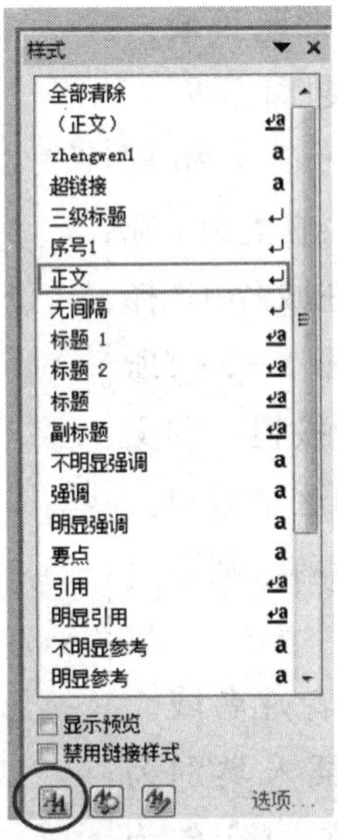

图　1－3－3

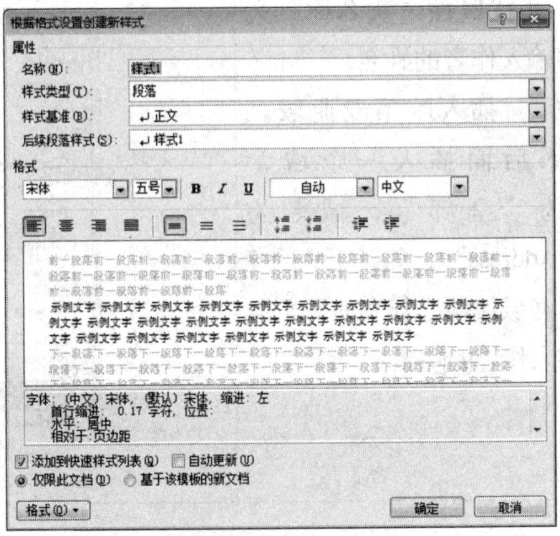

图　1－3－4

<table>
<tr><th>步骤</th><th>图示及详解</th></tr>
<tr><td>

4．应用样式

（1）设置标题格式。

（2）设置正文格式。字体格式，西文字体：Times New Roman，中文字体：宋体。四号、左对齐。段落格式：首行缩进2字符，单倍行距。

</td><td>

选中文中所有的章标题，在样式对话框中单击“章标题”，则“章标题”样式应用到所有选中的文字上。

同理设置节标题。

</td></tr>
<tr><td>

5．插入域

（1）插入文章题目域。将光标置于封面题目后面，单击“插入”→“文档部件”→“域”命令，在类别中选择“文档信息”，在域名中选择“FileName”，如图 1－3－5所示，单击“确定”按钮，则文档的题目被插入到这个域中。以后文章一旦重命名，则这个域会自动更改。

（2）插入作者姓名域。同样在姓名后面插入类别为“用户信息”域，域名为“UserName”，如图 1－3－6所示，在域属性“新名称”文本框中输入作者的姓名。

（3）插入院系专业域。在院系后面插入一个域，类别为“全部”，域名为“UserAddress”，如图 1－3－7所示，在域属性“新名址”文本框中输入作者的院系。

</td><td>

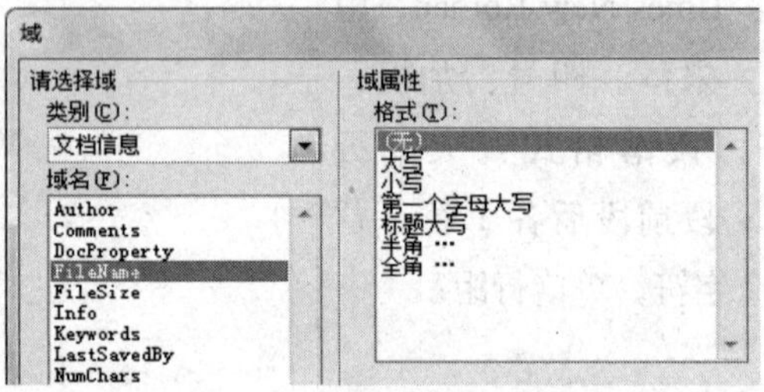

图 1－3－5

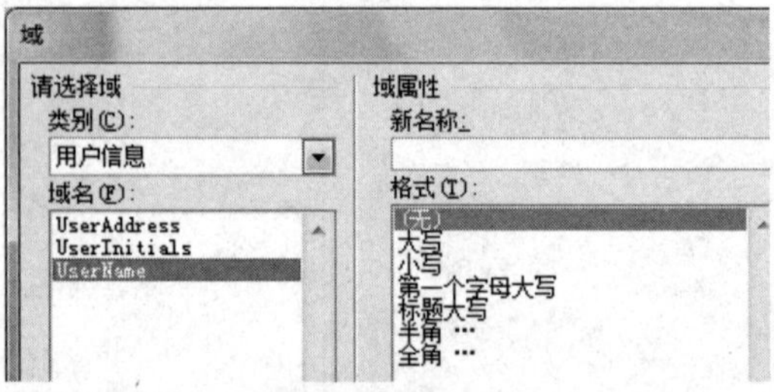

图 1－3－6

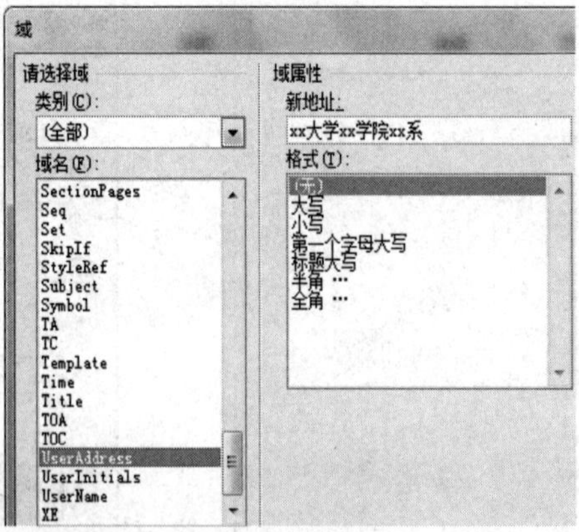

图 1－3－7

</td></tr>
</table>

步骤	图示及详解

6．插入奇偶页页眉

（1）单击“插入”→“页眉”命令，选择一种页眉样式，然后在“页眉和页脚工具/设计”选项卡“选项”组中勾选“奇偶页不同”复选框。

（2）封面是第一节，页眉上会显示奇数页页眉、第一节的字样。封面不设置页眉和页脚，因此不需要插入任何字符。

（3）滚动鼠标，移到第二页，即空白的目录页上。页眉部分会显示偶数页页眉，第二节的字样。这一页也不设置页眉页脚。

（4）移到第三页，页眉部分显示奇数页页眉，第三节字样。在这节的页眉中输入文字“毕业论文”，然后单击“页眉和页脚工具/设计”选项卡“导航”组中的“链接到前一条页眉”按钮，使之从选中状态变为取消状态，设置页眉格式，见图1－3－8。

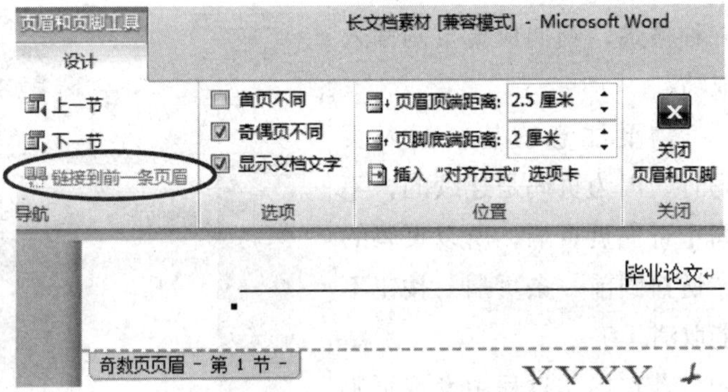

图 1－3－8

（5）移到第四页，页眉部分显示偶数页页眉，第三节字样。在这节的页眉中输入文字“前言”，然后单击“页眉和页脚工具/设计”选项卡“导航”组中的“链接到前一条页眉”按钮，使之从选中状态变为取消状态，设置页眉格式。

（6）参照第三节页眉的设置方法，为后面的几节设置奇偶页页眉。

步骤	图示及详解

7. 插入页码

页眉设置完成以后，转到页脚。同样从第三节开始设置页脚。

（1）将光标定位到第三节奇数页页脚内，单击“页眉和页脚”组中的“页码”按钮，选择“当前位置”命令，选择一种格式，则奇数页页码插入成功。

（2）将光标定位到第三节偶数页页脚内，单击“页眉和页脚”组中的“页码”按钮，选择“当前位置”命令，选择一种格式，则偶数页页码插入成功。

需要注意的是，插入页码时，因为页码是连续的，不同于奇偶页页眉，所以页码的“链接到前一条页眉”按钮不能取消。

若在操作过程中发现页码只生成在本节范围内，下一节的页码又从头开始了，可以选中需要改变的第一个页码，然后单击“页眉和页脚”组中的“页码”按钮，选择“设置页码格式”命令，选择“续前节”，则页码就可以自动改变连续起来了，见图1-3-9。

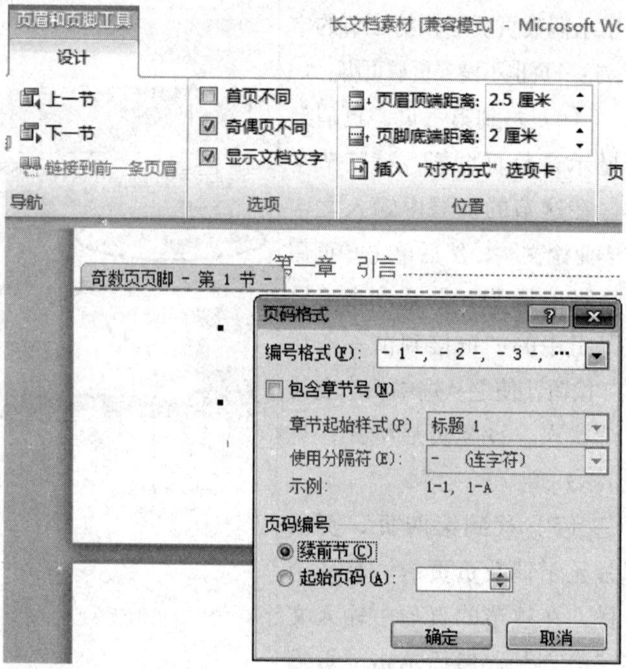

图 1-3-9

<table>
<tr><th>步骤</th><th>图示及详解</th></tr>
<tr><td>

8．生成目录

（1）将光标定位在封面后第一章前的空白页上，单击“引用”→“目录”→“插入目录”命令，弹出“目录”对话框，如图 1－3－10 所示。

（2）单击“选项”按钮，在有效样式列表中查看新建的两个样式“章标题”“节标题”是否被选中，其后对应的数字是否分别为 1 和 2 。如果没有，可以手动写上数字，如果有，则关闭。

（3）返回目录对话框，取消选中“使用超链接而不使用页码”复选框，单击“确定”按钮，则目录自动生成。

（4）选中目录，设置字符的格式和段落格式。

（5）以后，若文章发生了改变，导致页数变多或减少时，只要选中目录并右击，在弹出的快捷菜单中选择“更新域”命令，即可更新目录。

</td><td>

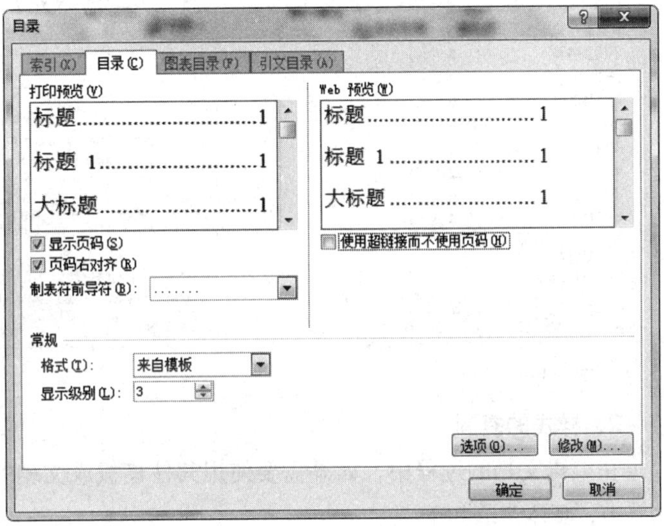

图　1－3－10

</td></tr>
</table>

拓展提高

样式管理器的用法。

1．样式的修改

单击“开始”选项卡“样式”组中的对话框启动器按钮，弹出“样式”对话框。选择某个需要修改的样式（见图 1－3－11）并右击，在弹出的快捷菜单中选择“修改”命令，弹出“样式修改”对话框，如图 1－3－12 所示，在此可以修改样式的名称、字体、字型、字号等，也可以单击“格式”按钮，选中其中的选项可以相应地修改段落格式、边框样式等。

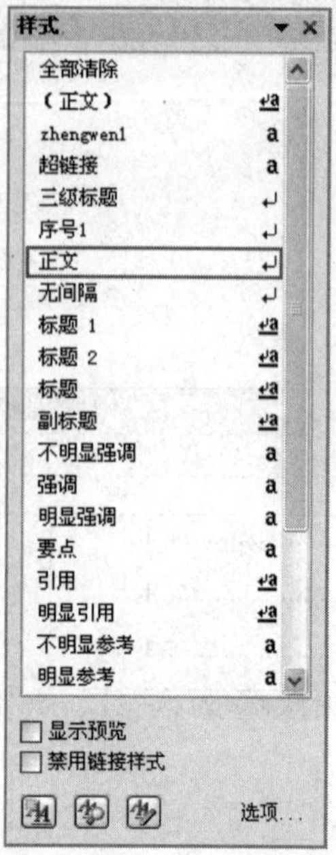

图 1-3-11

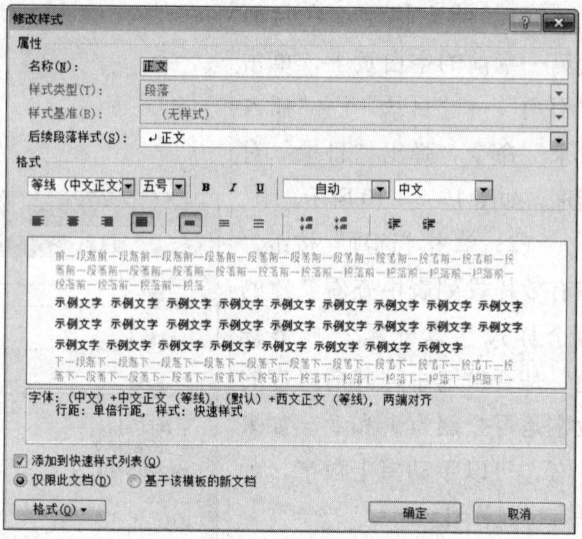

图 1-3-12

2．样式的复制

在编辑文档的过程中，如果需要使用其他模板或文档的样式，可以将其复制到当前活动文档中，具体步骤如下：

（1）打开需要复制样式的文档，单击“开始”→“样式”→“管理样式”命令，弹出“管理样式”对话框，如图 1-3-13 所示。

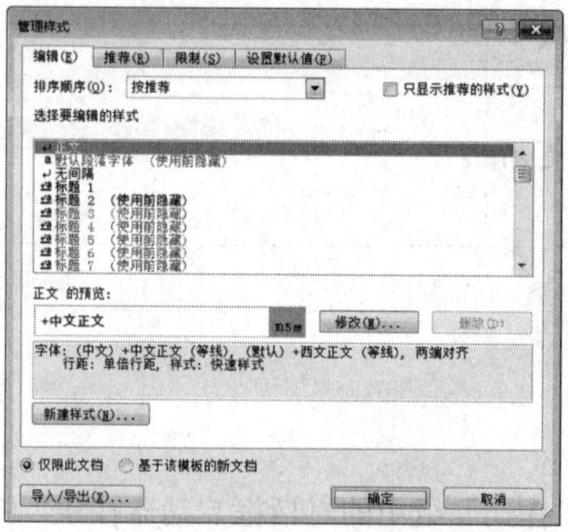

图 1-3-13

（2）单击“导入/导出”按钮，弹出“管理器”对话框，切换到“样式”选项卡，如图 1-3-14 所示。

（3）单击左侧的“ 关闭文件”按钮，此时该按钮变成“打开文件”，单击该按钮，弹出“打开”对话框，在“文件类型”下拉列表中选择“所有Word文档”，通过“查找范围”

找到目标文件所在的路径，选中包含该样式的文档，然后选择该文档，此时样式管理器对话框的右侧就已经包含了特定样式的文档，如图 1－3－15 所示。

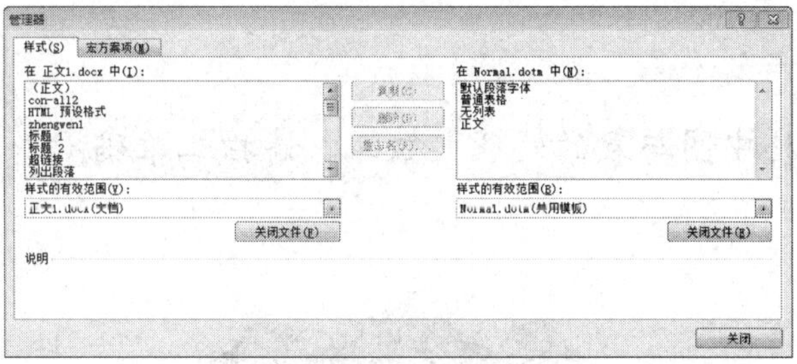

图 1－3－14

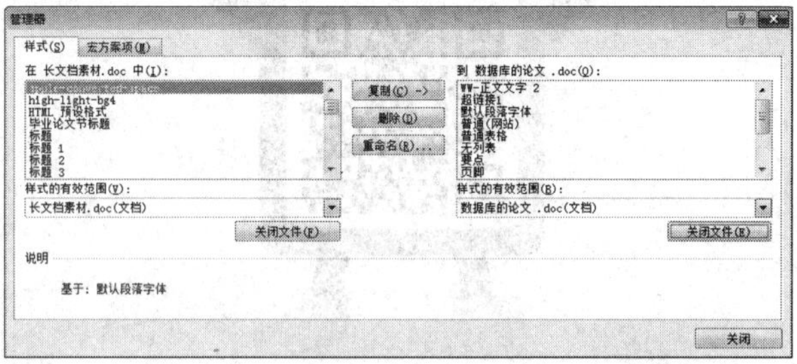

图 1－3－15

（4）选中右侧样式列表中需要的样式类型，然后单击“复制”按钮，即可将选中的样式复制到新的文档中。单击“关闭”按钮，结束操作。

操作记录单

一、学习方法建议

观看微课→预操作练习→听课（老师讲解、示范、拓展）→再操作练习→完成操作记录单

二、操作记录

1.设置封面格式 □
2.长文档分节 □
3.设置文章标题与正文的样式 □
4.应用样式 □
5.插入域 □
6.插入奇偶页页眉 □
7.插入页码 □
8.生成目录 □

三、困惑与建议

案例四　长文档中图和表的处理

案例四　“长文档中图与表的处理”微课，请扫二维码。

在上个案例中，利用Word制作了一份毕业论文，对文字格式和段落格式进行了设置，但是一份长文档中必然会有大量的图和表，本案例介绍了怎么处理长文档中的图表，最终效果如图 1－4－1 所示。

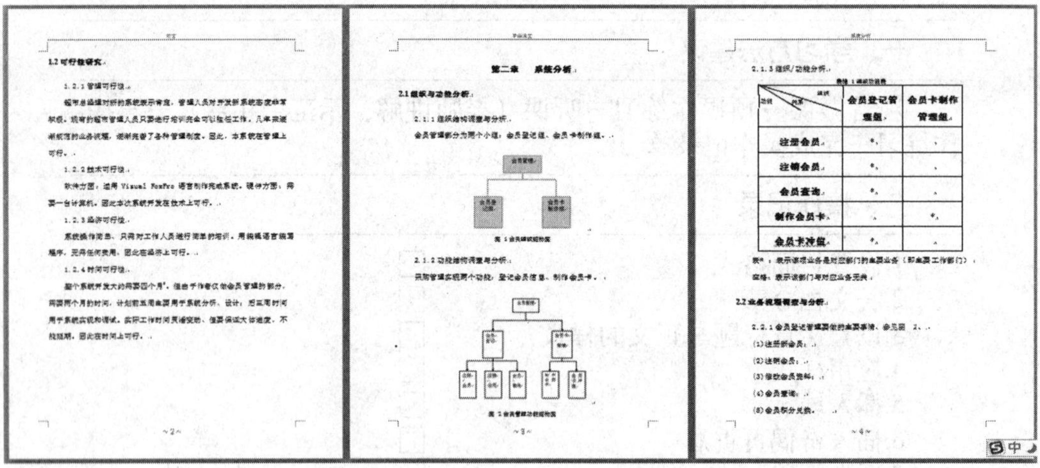

图　1－4－1

实现步骤

步骤	图示及详解
1. 插入SmartArt图形 在长文档中经常需要插入各种图形，用SmartArt图形来绘制非常方便。 （1）将光标置于文档“第二章2.1.1”下面，单击“插入”→“SmartArt”命令，弹出“选择SmartArt图形”对话框，如图 1－4－2所示。 （2）选择“层次结构”下的“组织结构图”，单击“确定”按钮，插入该图形，如图1－4－3所示。 （3）在SmartArt样式组中单击“更改颜色”按钮，选择强调文字颜色6。 （4）单击左侧中间多余的文本框，然后按删除键。同理，删除下方多余的文本框。然后在框里输入需要的文字。即可得到需要的效果。 （5）同理插入其他SmartArt图形。如果需要多添加一层，可以选中并右击上一层的文本框，在弹出的快捷菜单中选择“添加形状”→“在下方添加形状”命令，即可增加下一层。	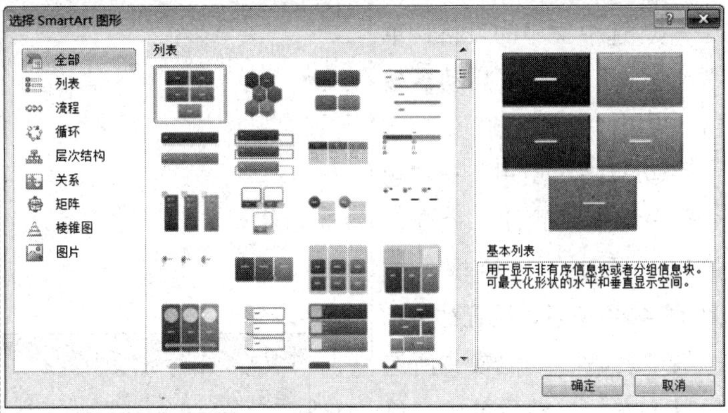 图　1－4－2 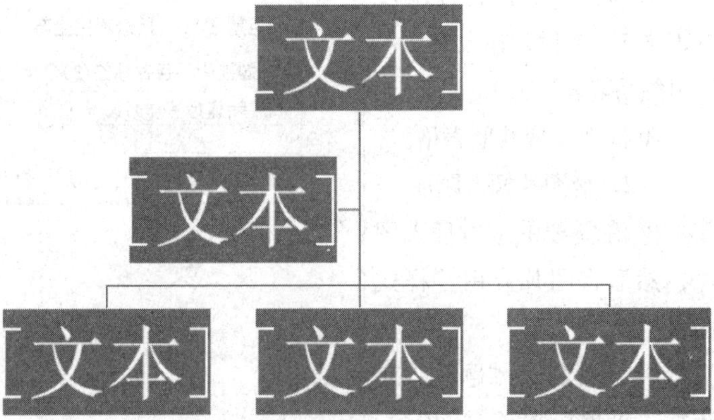 图　1－4－3

步骤	图示及详解
2. 插入题注 (1) 为表格插入题注 ① 选中文中的表格，单击“样式”对话框启动器按钮，应用样式“标题”。 ② 单击“引用”→“题注”→“插入题注”命令，弹出“题注”对话框，如图 1-4-4 所示，设置如下：标签“表格”，位置“所选项目上方”。然后单击“确定”按钮。 ③ 此时表格上方出现“表格 1”字样，输入文字：“组织功能表”。 ④ 同理设置其他表格。 (2) 给图片插入题注 ① 在需要的地方插入图片，然后将图片应用“样式标题”。 ② 同样打开“题注”对话框，设置标签为“图”，位置为“所选项目下方”。 ③ 此时图的下方出现“图 1”字样，输入文字“会员组织结构图”。 ④ 同理设置其他的图。	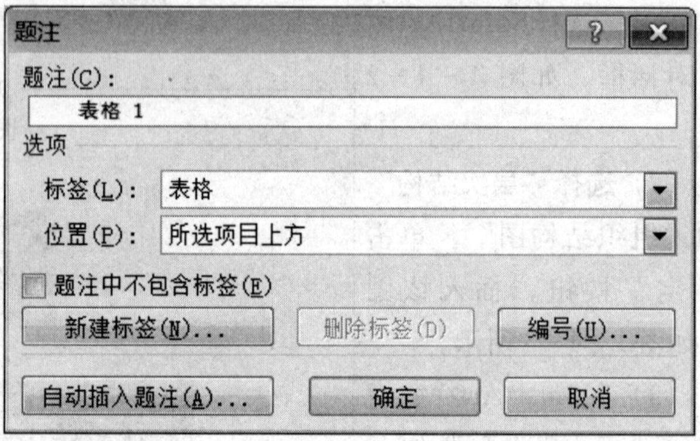 图 1-4-4
3. 插入交叉引用 (1) 选中长文档中诸如“参见图 1”的字样，单击“引用”→“题注”→“交叉引用”命令，弹出“交叉引用”对话框，如图 1-4-5 所示。	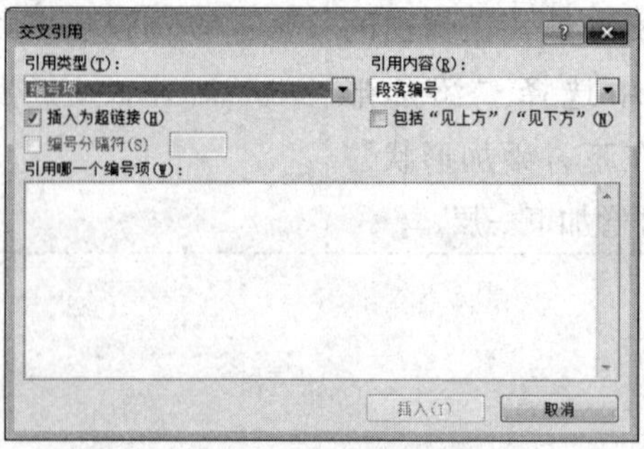 图 1-4-5

步骤	图示及详解
（2）在“引用类型”下拉列表中选择“图”，“引用内容”设置为“整项题注”，然后在下方出现的所有图片列表中选择你需要连接到的那张图片，单击“插入”按钮，如图 1－4－6 所示。以后单击这几个文字时就可以配合使用“Ctrl”键链接到对应的图片。	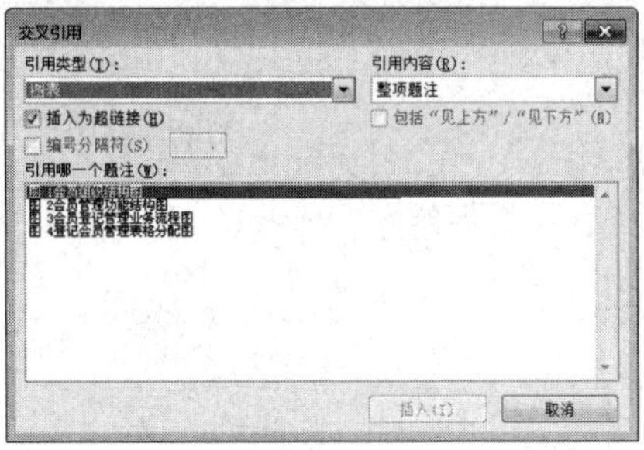 图　1－4－6

拓展提高

Word插入屏幕截图的方法。

经常需要在文档中插入屏幕的截图，以前都是用QQ的截屏功能实现，现在Word 2010中自带有截屏功能，可以根据个人需求来截取屏幕。具体操作步骤如下：

（1）单击“插入”→“插图”→“屏幕截图”→“屏幕剪辑”命令。

（2）如果同时打开了多个窗口，用鼠标选择需要的窗口，等屏幕变成白色，鼠标变成黑色十字架以后，用鼠标拖选一个范围，这个范围即是截屏的范围，拖选完成后，截图自动会插入文档中。

操作记录单

一、学习方法建议

观看微课→预操作练习→听课（老师讲解、示范、拓展）→再操作练习→完成操作记录单

二、操作记录

1.插入SmartArt 图形　☐
2.插入题注　☐
3.插入交叉引用　☐

三、困惑与建议

项目二

Excel高级应用

本项目介绍的是Excel的高级应用，主要介绍工作簿与多工作表操作、公式和函数、数据分析与数据处理、创建图表等内容。通过本项目的学习，能够掌握创建并处理电子表格，以及对日常工作的数据进行统计分析。

学习目标

1．能熟练进行工作簿与多工作表操作；

2．掌握Excel公式和函数处理数据的方法；

3．掌握 Excel数据分析与处理的方法。

案例一　成绩统计表分析

成绩统计表分析微课，请扫二维码。

成绩统计表是利用Excel快速统计成批数据的结果，大多数学校在期末考试后，教师都要对学生进行综合评定，其中一项就是成绩评定。那么如何通过对学生成绩的处理结果来反映学生情况呢？利用Excel的函数可以快速地对成绩进行计算和统计，如计算总分、平均分、排名次，统计各个分数段的人数等，省时省力。根据要求设计表格并录入成绩，经处理后所得的结果如图 2-1-1 所示。

×××班学生成绩统计表

学号	姓名	语文成绩	数学成绩	英语成绩	政治成绩	体育成绩	总分	平均分	名次
2010005	林巧	94	86	96	95	85	456	91.2	1
2010001	张涛	82	88	80	80	85	415	83.0	2
2010004	李燕	75	85	95	80	70	405	81.0	4
2010006	钟平	90	92	56	92	65	395	79.0	5
2010003	王丽	95	76	50	80	85	386	77.2	6
2010007	黄晓	70	75	80	72	85	382	76.4	7
2010009	严妙	85	70	82		90	327	81.8	3
2010010	杨军	75	50	70	56	70	321	64.2	9
2010002	李明	56	58	65		80	259	64.8	8
2010008	陈冲	50	55		60	65	230	57.5	10
	平均分	77.2	73.5	74.9	76.9	78.0			
	最高分	95	92	96	95	90	456	91.2	
	最低分	50	50	50	56	65	230	57.5	
	考试人数	10	10	9	8	10			
	80以上人数	5	4	5	5	6			
	优秀率	50.0%	40.0%	55.6%	62.5%	60.0%			
	60~79人数	3	3	2	2	4			
	良好率	30.0%	30.0%	22.2%	25.0%	40.0%			
	60以下人数	2	3	2	1	0			
	不及格率	20.0%	30.0%	20.0%	10.0%	0.0%			

图　2-1-1

实现步骤

步骤	图示及详解

1. 重命名工作表

启动Excel工作簿，将Sheet1重命名为“学生成绩统计表”，然后输入相应的数据，如图2－1－2所示。

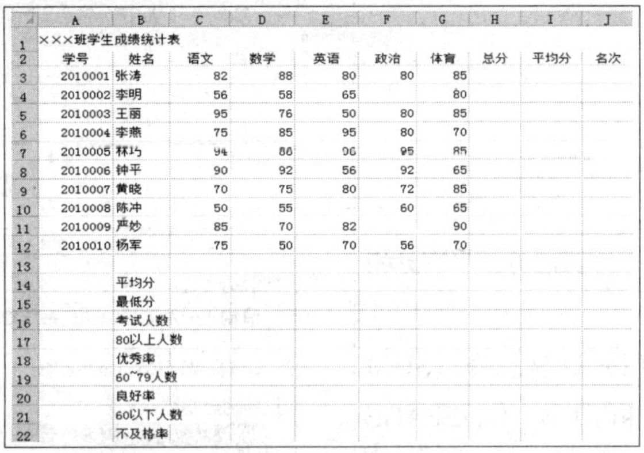

×××班学生成绩统计表									
学号	姓名	语文	数学	英语	政治	体育	总分	平均分	名次
2010001	张涛	82	88	80	80	85			
2010002	李明	56	58	65		80			
2010003	王丽	95	76	50	80	85			
2010004	李燕	75	85	95	80	70			
2010005	林巧	94	86	96	95	85			
2010006	钟平	90	92	56	92	65			
2010007	黄晓	70	75	80	72	85			
2010008	陈冲	50	55		60	65			
2010009	严妙	85	70	82		90			
2010010	杨军	75	50	70	56	70			
	平均分								
	最低分								
	考试人数								
	80以上人数								
	优秀率								
	60~79人数								
	良好率								
	60以下人数								
	不及格率								

图　2－1－2

2. 格式设置

（1）除标题外的数据，字体设置为“宋体”，字号设置为“12”；标题设置为“黑体”，字号设置为“16”，合并标题并居中。

（2）设置适合的行高和列宽。

（3）设置边框并合并相应的单元格，效果如图2－1－3所示。

×××班学生成绩统计表									
学号	姓名	语文	数学	英语	政治	体育	总分	平均分	名次
2010001	张涛	82	88	80	80	85			
2010002	李明	56	58	65		80			
2010003	王丽	95	76	50	80	85			
2010004	李燕	75	85	95	80	70			
2010005	林巧	94	86	96	95	85			
2010006	钟平	90	92	56	92	65			
2010007	黄晓	70	75	80	72	85			
2010008	陈冲	50	55		60	65			
2010009	严妙	85	70	82		90			
2010010	杨军	75	50	70	56	70			
平均分									
最低分									
考试人数									
80以上人数									
优秀率									
60~79人数									
良好率									
60以下人数									
不及格率									

图　2－1－3

3. 条件格式设置

单击“开始”→“条件格式”→“突出显示单元格规则”→“小于”命令，如图2－1－4所示，弹出“小于”对话框，设置小于值为60，如图2－1－5所示。

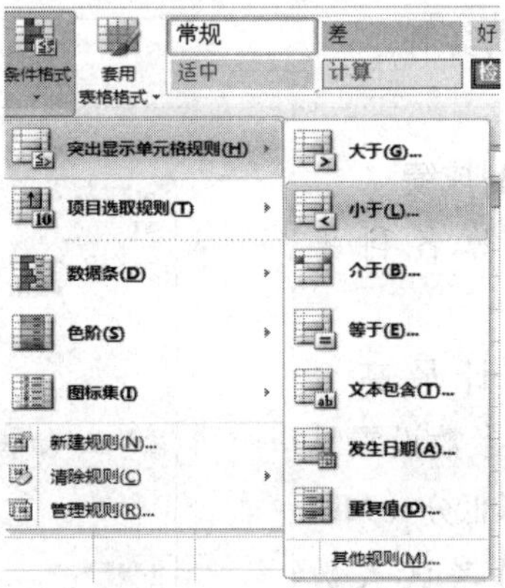

图　2－1－4

步骤	图示及详解

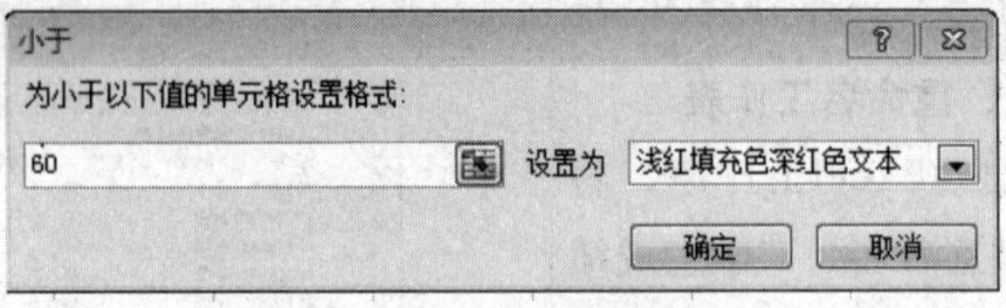

图 2-1-5

4. 计算总分、平均分和名次

(1) 计算总分(SUM函数)和平均分(AVERAGE函数)。

(2) 排名次(RANK函数)。

① 选中第一条记录中的“名次”单元格。

② 单击“公式”→“函数库”→“插入函数”命令,弹出“插入函数”对话框,如图2-1-6所示,找到RANK函数,单击“确定”按钮,弹出RANK“函数参数”对话框,如图2-1-7所示。

③ 进行参数设置(注意绝对引用),拖动填充句柄,进行公式复制。

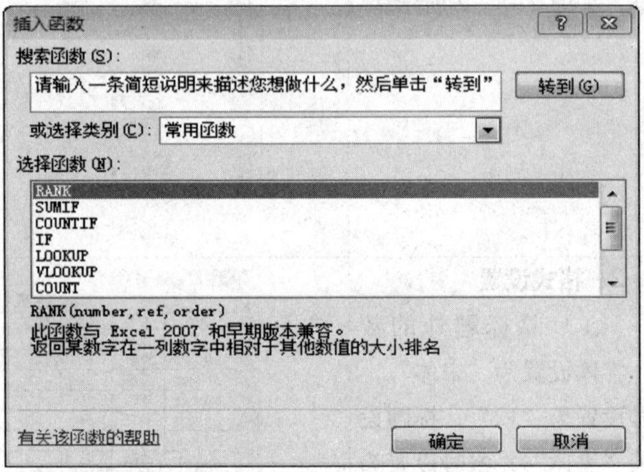

图 2-1-6

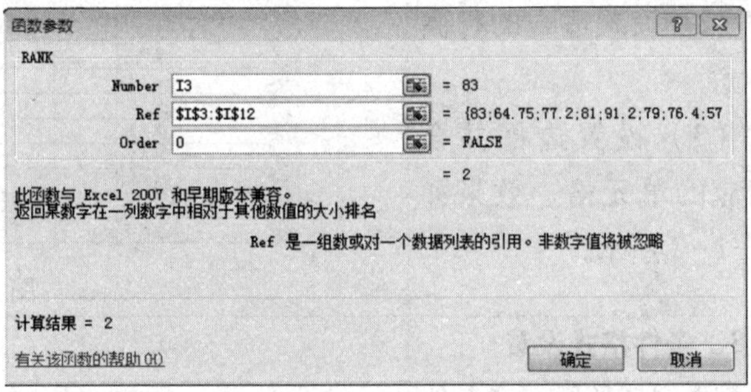

图 2-1-7

5. 统计各科成绩

(1) 计算各科平均分。

(2) 统计最高分(MAX函数,参数设置见图2-1-8)、最低分(MIN函数)和各科考试人数(COUNT函数)。

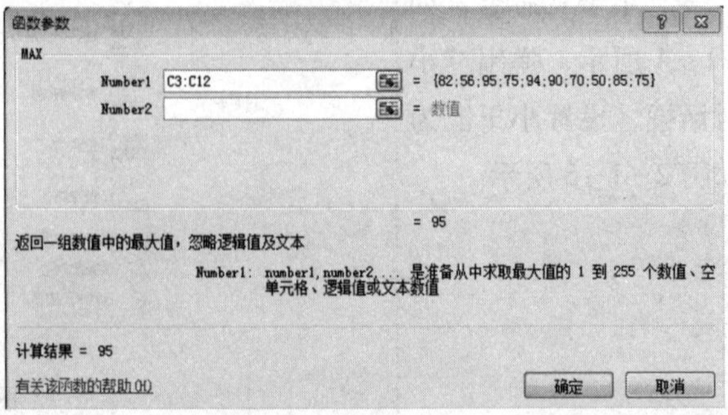

图 2-1-8

步骤	图示及详解
（3）统计各段人数（COUNTIF函数）。 ① 统计 80 分以上的人数。 ② 统计 60～79 分的人数分两步操作：先统计 79 分以上的人数；再减去 60 分以上的人数，计算公式如图 2－1－9 所示。 （4）计算优秀率、良好率和不及格率。 利用公式计算： 优秀率=优秀人数 / 总人数。	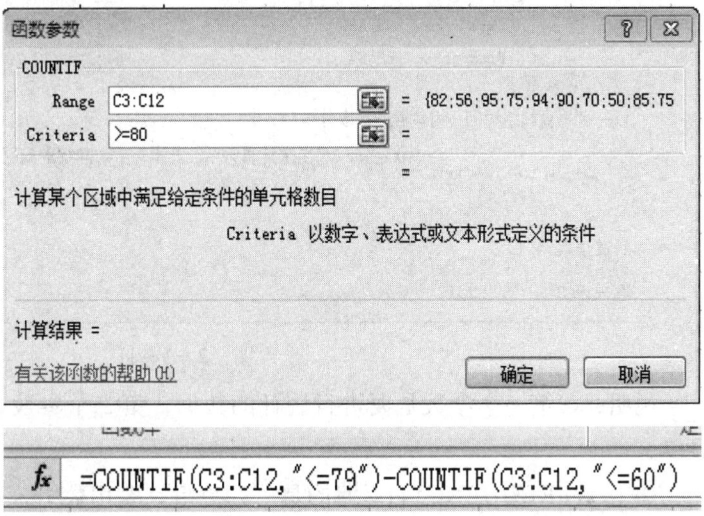 图　2－1－9

拓展提高

掌握利用频率函数（FREQUENCY函数）统计各分数段人数，如图 2－1－10 所示。

C2　{=FREQUENCY(A2:A10,B2:B5)}

	A	B	C	D	E
1	分数	区间分割点	统计		
2	79	70	1		
3	85	79	2		
4	78	89	4		
5	85	100	2		
6	50				
7	81				
8	95				
9	88				
10	97				
11	公式	说明（结果）			
12	1	小于或等于 70 的分数个数（1）			
13	2	71-79 区间内的分数个数（2）			
14	4	80-89 区间内的分数个数（4）			
15	2	大于或等于 90 的分数的个数（2）			

图　2－1－10

操作步骤：

（1）设置分数及分数段（或区间分割点）。

（2）打开“函数参数”对话框，进行参数设置，如图 2－1－11 所示。

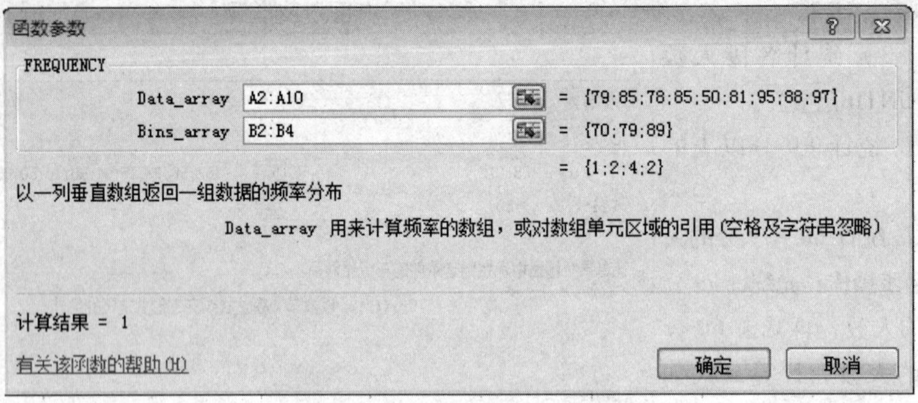

图 2-1-11

说明：①第一个参数是要进行统计的数据；第二个参数是分组的依据，也就是分段的界值。

② 函数FREQUENCY()返回的是一列数组，要用数组公式的形式输入，因此，在输入时，要选中输出结果的区域，在编辑栏输入完公式后按【Ctrl+Shift+Enter】组合键，使之成为数组公式。

操作记录单

一、学习方法建议

观看微课→预操作练习→听课（老师讲解、示范、拓展）→再操作练习→完成操作记录单

二、操作记录

1.重命名工作表 □
2.单元格格式设置 □
3.条件格式设置 □
4.公式和函数的运用 □

三、困惑与建议

案例二 员工工资表分析

员工工资表分析微课，请扫二维码。

任何单位的财务人员每个月都要做出员工工资表。在工资表中，要根据工资卡，考勤记录及代扣款项等资料按人名计算“应发工资”“个人所得税”“实发工资”。本案例主要介绍IF函数的用法，特别是IF函数的多次嵌套使用。某企业某月员工工资表结果如图 2-2-1所示。

2015年11月份员工工资表

序号	员工编号	姓名	部门	基本工资	岗位津贴	工龄津贴	奖金	补贴	病事假扣除	应发工资	社保	应纳税所得额	应交个人所得税	实发工资
1	DXL001	张小东	管理部	5,040.00	550.00	300.00	500.00	260.00	-	6,650.00	460.00	2,690.00	164.00	6,486.00
2	DXL002	王晓杭	行政部	2,480.00	550.00	300.00	-	260.00	350.00	3,240.00	309.00	-	-	3,240.00
3	DXL003	李立扬	生产部	12,500.00	550.00	300.00	500.00	260.00	-	14,110.00	289.00	10,321.00	1,575.25	12,534.75
4	DXL004	钱明明	管理部	5,020.00	550.00	150.00	-	260.00	130.00	5,850.00	360.00	1,990.00	94.00	5,756.00
5	DXL005	程坚强	管理部	5,015.00	550.00	150.00	-	260.00	-	5,975.00	289.00	2,186.00	113.60	5,861.40
6	DXL006	叶明放	行政部	5,040.00	550.00	150.00	500.00	260.00	-	6,500.00	289.00	2,711.00	166.10	6,333.90
7	DXL007	周学军	人事部	5,050.00	550.00	150.00	-	260.00	-	6,010.00	206.00	2,304.00	125.40	5,884.60
8	DXL008	赵爱军	研发部	5,020.00	700.00	150.00	500.00	260.00	100.00	6,530.00	308.00	2,722.00	167.20	6,362.80
9	DXL009	黄永抗	管理部	5,040.00	550.00	150.00	-	260.00	-	6,000.00	289.00	2,211.00	116.10	5,883.90
10	DXL010	梁水冉	管理部	2,500.00	550.00	150.00	-	260.00	25.00	3,435.00	289.00	-	-	3,435.00
11	DXL011	李宇飘	行政部	5,055.00	700.00	150.00	-	260.00	-	6,165.00	289.00	2,376.00	132.60	6,032.40
12	DXL012	蒋文婉	生产部	14,762.00	550.00	300.00	-	260.00	-	15,872.00	289.00	12,083.00	2,015.75	13,856.25
13	DXL013	施米尔	管理部	2,457.00	550.00	300.00	500.00	260.00	-	4,067.00	289.00	278.00	8.34	4,058.66
14	DXL014	王占善	行政部	5,258.00	800.00	300.00	-	260.00	-	6,618.00	289.00	2,829.00	177.90	6,440.10
15	DXL015	林峰	人事部	2,172.00	700.00	300.00	-	260.00	-	3,432.00	309.00	-	-	3,432.00
16	DXL016	朱玫城	研发部	5,715.00	550.00	300.00	-	260.00	50.00	6,775.00	460.00	2,815.00	176.50	6,598.50
17	DXL017	李达	管理部	5,094.00	700.00	300.00	500.00	260.00	-	6,854.00	309.00	3,045.00	199.50	6,654.50
18	DXL018	刘卉	生产部	5,764.00	550.00	300.00	-	260.00	-	6,874.00	289.00	3,085.00	203.50	6,670.50
19	DXL019	缪冬折	管理部	5,067.00	800.00	150.00	-	260.00	-	6,277.00	360.00	2,417.00	136.70	6,140.30
20	DXL020	杨浩敏	行政部	2,004.00	550.00	300.00	-	260.00	-	3,114.00	289.00	-	-	3,114.00
21	DXL021	南策斌	生产部	5,130.00	800.00	150.00	500.00	260.00	-	6,840.00	289.00	3,051.00	200.10	6,639.90
22	DXL022	赵筱茂	管理部	2,076.00	800.00	150.00	-	260.00	200.00	3,086.00	206.00	-	-	3,086.00
23	DXL023	梁辰浩	管理部	4,562.00	700.00	150.00	-	260.00	-	5,672.00	308.00	1,864.00	81.40	5,590.60
24	DXL024	郑云	行政部	2,455.00	800.00	300.00	-	260.00	-	3,815.00	289.00	26.00	0.78	3,814.22
25	DXL025	邹巍龙	人事部	5,503.00	800.00	300.00	500.00	260.00	-	7,363.00	289.00	3,574.00	252.40	7,110.60
26	DXL026	杨秀	研发部	4,719.00	800.00	300.00	-	260.00	-	6,079.00	289.00	2,290.00	124.00	5,955.00
27	DXL027	梅潇秀	管理部	4,278.00	550.00	300.00	-	260.00	-	5,388.00	289.00	1,599.00	54.90	5,333.10
28	DXL028	陈丽文	管理部	2,181.00	700.00	150.00	-	260.00	-	3,291.00	289.00	-	-	3,291.00
29	DXL029	杨熙琴	研发部	4,212.00	700.00	300.00	-	260.00	-	5,472.00	289.00	1,683.00	63.30	5,408.70
30	DXL030	李杨	销售部	15,915.00	700.00	300.00	-	260.00	-	17,175.00	309.00	13,366.00	2,336.50	14,838.50
31	DXL031	蔡宇帆	研发部	5,425.00	550.00	150.00	500.00	260.00	-	6,885.00	289.00	3,096.00	204.60	6,680.40
32	DXL032	[illegible]	销售部	14,803.00	550.00	300.00	-	260.00	-	15,913.00	289.00	12,124.00	2,026.00	13,887.00

图 2-2-1

实现步骤

步骤	图示及详解

1. 重命名

启动 Excel 工作簿，将 Sheet1 重命名为“员工工资统计表”，然后输入相应的数据。

2. 格式设置

（1）除标题外的数据，字体设置为“宋体”，字号设置为“12”；标题设置为“黑体”，字号设置为“16”，合并标题并居中。

（2）设置合适的行高和列宽。

（3）将所有数据设置为会计专用，保留两位小数，如图 2－2－2 所示。

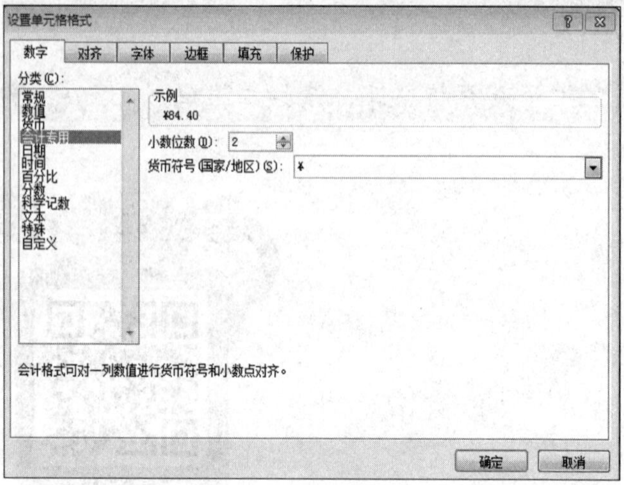

图 2－2－2

说明：会计专用格式可以把“0.00”显示为“-”，这样 0 比较多的表更加美观。

3. 计算

（1）应发工资。利用公式：应发工资=基本工资+岗位津贴+工龄津贴+奖金+补贴－病事假扣除，如图 2－2－3 所示。

（2）应纳税所得额。

说明：应纳税所得额就是这部分钱应该缴纳个人所得税，即应发工资扣除社保后，超出 3 500 元的部分金额。

利用IF函数，打开IF函数参数对话框，进行参数设置，如图 2－2－4 所示。

（3）应交个人所得税。

说明：个人所得税=应纳税所得额×对应税率-对应速算扣除数。

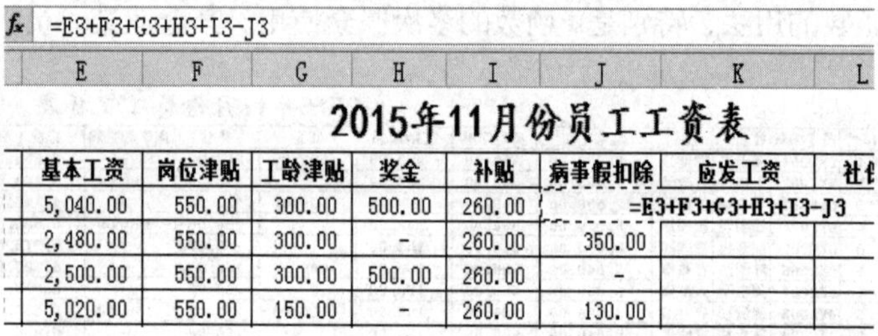

fx =E3+F3+G3+H3+I3-J3

2015年11月份员工工资表

基本工资	岗位津贴	工龄津贴	奖金	补贴	病事假扣除	应发工资	社保
5,040.00	550.00	300.00	500.00	260.00		=E3+F3+G3+H3+I3-J3	
2,480.00	550.00	300.00	-	260.00	350.00		
2,500.00	550.00	300.00	500.00	260.00	-		
5,020.00	550.00	150.00	-	260.00	130.00		

图 2－2－3

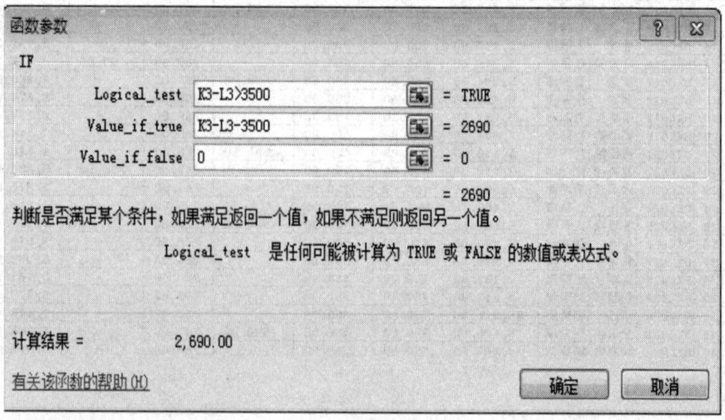

图 2－2－4

步骤	图示及详解

附：工资薪金所得税率见表2－2－1。

利用if函数的嵌套计算（最多7个条件）。

① 打开第一个IF函数参数对话框，进行第1个条件参数设置，如图2－2－5所示，第一个参数是条件，即M3<=1500；第2个参数是满足条件的则函数返回值为：M3*0.03-0；第3个参数是条件不满足时，即M3>1500，则进行条件划分。因此，第3个参数不能直接返回一个固定值，而是进行下一轮条件划分，如是，在第3个参数里直接输入“if()”。

② 将光标移到编辑栏，发现第2个IF后面的括号颜色有变化，在两个绿色括号内单击，便出现第2个IF函数参数对话框。按步骤①设置对话框中的3个参数，如图2－2－6所示。同理，第6个、第7个条件设置，即最后一个IF参数设置，如图2－2－7所示。

（4）实发工资

利用公式：实发工资=应发工资－社保－应交个人所得税。

表　2－2－1

全月应纳税所得额	税　　率	速算扣除数（元）
0–1500元	3%	0
1501–4500元	10%	105
4501–9000元	20%	555
9001–35000元	25%	1005
35001–55000元	30%	2755
55001–80000元	35%	5505
超过80000元	45%	13505

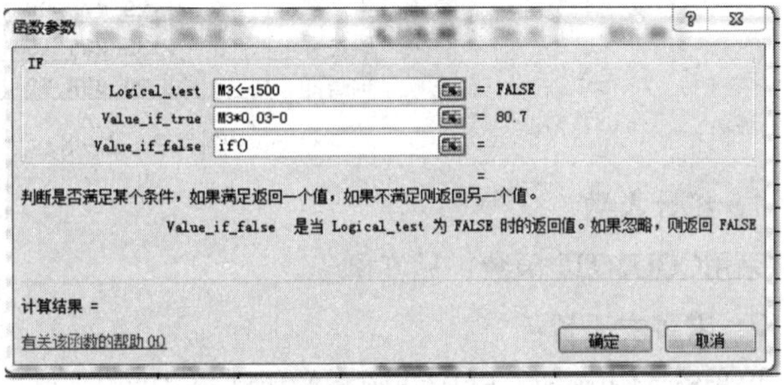

图　2－2－5

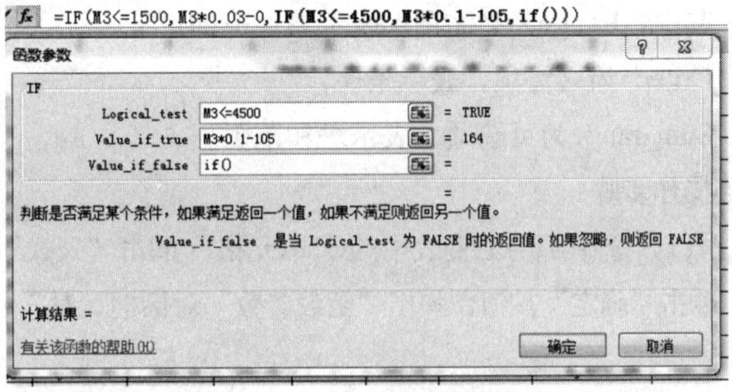

图　2－2－6

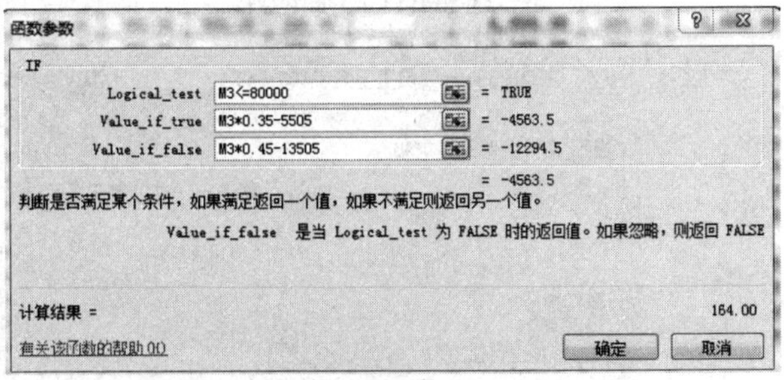

图　2－2－7

拓展提高

掌握利用SUMIF函数求带有条件的求和问题，根据员工工资表统计出各部门的实发工资，如图 2-2-8 所示。

	A	B	C	D
1				
2	**部门工资统计表**			
3				
4	部门	人数	实发工资	平均工资
5	行政部	8	32,472.90	4,059.11
6	管理部	13	59,604.20	4,584.94
7	人事部	3	14,409.40	4,803.13
8	生产部	6	29,473.90	4,912.32
9	研发部	6	32,269.15	5,378.19
10	销售部	2	10,998.70	5,499.35

图 2-2-8

1．统计人数

采用COUNTIF 函数，见案例一。

2．求实发工资

采用SUMIF函数。SUMIF函数的语法格式如下：

```
SUMIF(Range,Criteria,[Sum_Range]);
```

其中：Range为必需项，表示条件范围；

Criteria为必需项，表示条件；

Sum_range为可选项，表示求和范围。

操作步骤：

（1）选中部门工资表中的C5单元格，单击“公式”→“插入函数”命令，找到SUMIF函数，单击“确定”按钮，弹出“函数参数”对话框，对3个参数进行设置，如图2-2-9所示。

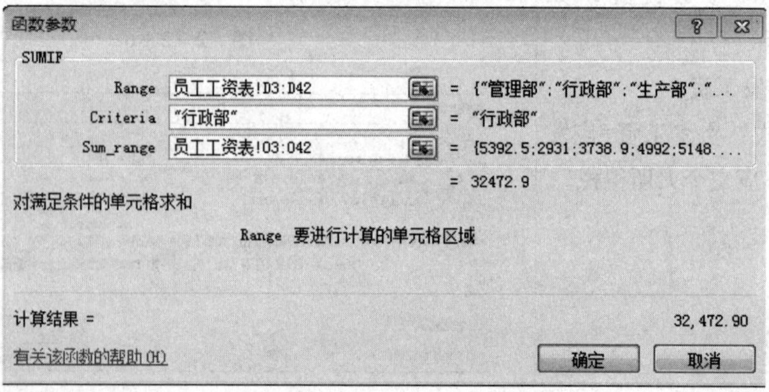

图 2-2-9

Range：表示要从“部门”列区域查找范围；

Criteria：表示从 Range 范围中找出满足的条件；

Sum_range：表示从实发工资列区域中寻找满足条件的和。

（2）单击“确定”按钮，即可得到行政部门所有员工的实发工资总和。

（3）同理求出其他各部门的实发工资总和。

操作记录单

一、学习方法建议

观看微课→预操作练习→听课（老师讲解、示范、拓展）→再操作练习→完成操作记录单

二、操作记录

1.单元格格式设置 ☐
2.公式的使用 ☐
3.简单IF函数的应用 ☐
4.IF函数的嵌套 ☐
5.SUMIF函数的运用 ☐

三、困惑与建议

案例三　年级成绩综合表分析

年级成绩综合表微课，请扫二维码。

在Excel中，经常需要将从某些工作表中查询的有关数据复制到另一个工作表中。例如，需要把学生几次考试成绩从不同的工作表中汇总到一个新的工作表中，而这几个工作表中参考人数及排序是不完全相同的，并不能直接复制粘贴。这里介绍 VLOOKUP 函数和 LOOKUP 函数的使用方法，年级成绩综合表结果如图 2-3-1 所示。

某学校初三年级成绩 综合表

班级	姓名	第1次总分	第1次名次	第2次总分	第2次名次	第3次总分	第3次名次
901	丁志杰	214	16	221	10	244	3
901	陆彤	188	21	262	1	224	10
901	潘虹雨	241	9	216	13	215	16
902	周建然	255	6	243	2	230	6
902	徐庆渠	237	10	240	3	219	13
903	吴晓	268	2	204	19	239	5
903	戴浩天	265	3	207	18	193	21
904	梁晨浩	214	16	213	14	223	11
904	王素怡	189	20	219	11	275	1
904	吴婷婷	223	15	174	21	226	9
905	方世涛	233	11	233	5	241	4
905	杨元浩	253	7	200	20	203	19
906	方明磊	230	12	219	11	250	2
906	王泽星	276	1	231	6	216	14
906	陶欣然	226	13	212	16	220	12
907	查飞宇	204	18	225	7	229	7
907	何科伟	249	8	211	17	211	17
908	张欣悦	226	13	213	14	211	17
908	范新月	258	5	235	4	198	20
908	唐佳	261	4	225	7	216	14

第1次 第2次 第3次 综合

图 2-3-1

实现步骤

步骤	图示及详解
（1）切换到“综合”表，选中C4单元格，单击“公式”→“函数库”→“插入函数”命令，弹出“插入函数”对话框，找到VLOOKUP函数，单击“确定”按钮，弹出“函数参数”对话框。 对相应参数进行设置，如图 2-3-2 所示。单击“确定”按钮，即找到“丁志杰”在第 1 次考试中的总分。	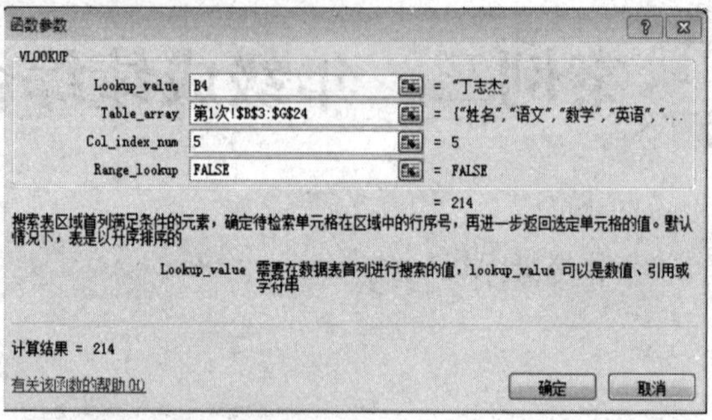 图 2-3-2 参数说明： Lookup_value：即要查找谁。 Tabale_array：即在哪里查找。 Col_index_num：即找第几列数据。 Range_lookup：指查询方式。False为大致查询；True为查询。

步骤	图示及详解

（2）同理，找到“丁志杰”在“第 1 次”考试中的名次，如图 2-3-3 所示。

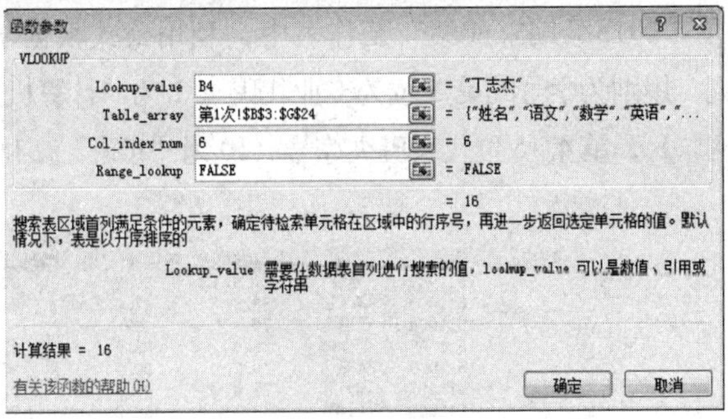

图 2-3-3

（3）选中C4和D4单元格，拖动填充句柄，复制到D23，所得结果如图 2-3-4 所示。

某学校初三年级成绩 综合表

班级	姓名	第1次总分	第1次名次	第2次总分	第2次名次	第3次总分	第3次名次
901	丁志杰	214	16				
901	陆彤	188	21				
901	潘虹雨	241	9				
902	周建然	255	6				
902	徐庆渠	237	10				
903	吴晓	268	2				
903	戴浩天	265	3				
904	梁晨浩	214	16				
904	王素怡	189	20				
904	吴婷婷	223	15				
905	方世涛	233	11				
905	杨元浩	253	7				
906	方明磊	230	12				
906	王泽星	276	1				
906	陶欣然	226	13				
907	查飞宇	204	18				
907	何科伟	249	8				
908	张欣悦	226	13				
908	范新月	258	5				
908	唐佳	261	4				

图 2-3-4

（4）采用同样的操作方法，将“第 2 次总分”和“第 2 次名次”及“第 3 次总分”和“第 3 次名次”的数据填充完成，所得结果如图 2-3-5 所示。

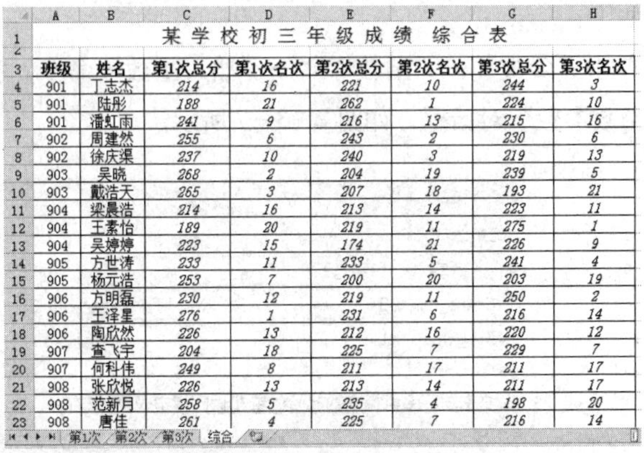

某学校初三年级成绩 综合表

班级	姓名	第1次总分	第1次名次	第2次总分	第2次名次	第3次总分	第3次名次
901	丁志杰	214	16	221	10	244	3
901	陆彤	188	21	262	1	224	10
901	潘虹雨	241	9	216	13	215	16
902	周建然	255	6	243	2	230	6
902	徐庆渠	237	10	240	3	219	13
903	吴晓	268	2	204	19	239	5
903	戴浩天	265	3	207	18	193	21
904	梁晨浩	214	16	213	14	223	11
904	王素怡	189	20	219	11	275	1
904	吴婷婷	223	15	174	21	226	9
905	方世涛	233	11	233	5	241	4
905	杨元浩	253	7	200	20	203	19
906	方明磊	230	12	219	11	250	2
906	王泽星	276	1	231	6	216	14
906	陶欣然	226	13	212	16	220	12
907	查飞宇	204	18	225	7	229	7
907	何科伟	249	8	211	17	211	17
908	张欣悦	226	13	213	14	211	17
908	范新月	258	5	235	4	198	20
908	唐佳	261	4	225	7	216	14

第1次 第2次 第3次 综合

图 2-3-5

结论：由此可以看出，使用VLOOKUP函数时，参数 1 的数据必须在参数 2 区域的第一列中，否则不可以查找。

拓展提高

在“2015级期末成绩”工作表中，利用公式根据学生的学号，将其班级的名称填入“班级”列，规则为学号的第 3 位为专业代码（1 为“计算机应用”，2 为“网络技术”，3 为“移动互联网”），第4、5 位代表班级序号（10 为“10班”，11为“11班”），如图 2-3-6 所示。

班级	学号	姓名	高等数学	英语（一）	计算机应用基础	沟通与演讲	毛泽东思想概
	1511002	万春	87.9	90.2	92.8	87.9	91.6
	1511003	李俊	88.8	87.4	83.5	75.9	84.6
	1511004	石建飞	79.9	92	53	71	81.6
	1511005	李小梅	79.9	82.4	83.5	91.5	84.3
	1511006	祝燕飞	79.2	90.4	73	76.6	86.6
	1511007	周天添	78.8	90.3	71.6	74.5	86.3
	1511008	伍军	83.7	82.2	76.5	83.7	83.6
	1511009	付云霞	75.4	87.7	83.5	75.9	79.2
	1511010	费通	84.2	87.8	68.6	87.2	87.6
	1521001	蔡宇帆	78.3	89.6	90.5	71.6	85
	1521002	赖潇青	81.7	89.1	76.3	79.4	86.2
	1521003	汪寅滢	82	80.2	86.3	75.2	83.1
	1521004	王龙	93.4	90.1	78.6	83.6	69.4
	1521005	李斌成	69.9	89.3	91.2	87.2	86.4
	1521006	席明云	70	85.5	68.6	66	71.1
	1521007	吴峰昊	85.2	86.5	76.5	75.2	70.4
	1521008	贾博	89.6	93.6	81.4	87.2	71.4
	1521009	金怡	85.7	49.5	65.8	76.6	70.7
	1521101	郁凌	73.4	83.5	73.5	79.4	72
	1521102	赵江	90	83.6	94.2	73.8	86.6
	1521103	嵇晶燕	85.9	82.1	84.9	78.7	93
	1521104	郑扬	80.3	85.1	84.2	74.4	81.2
	1521105	李渊颖	81	87	83.5	68.8	73.5
	1521106	陈萍婧	87.6	86.3	81.4	71.7	85
	1521107	陶嘉扬	79.7	94.8	92.7	85.1	94.4
	1521108	胡美	73.4	90	80.7	73.1	84.9
	1521109	沈芸	83.5	84.5	73.5	78.7	84.8
	1521110	汪玲	69.1	88.5	85.6	71.7	84.5
	1531001	徐栋君	76.1	82.8	76.5	75.8	87.9
	1531002	王敏	68.5	88.7	78.6	69.6	93.6
	[illegible]	[illegible]	[illegible]	[illegible]	[illegible]	[illegible]	[illegible]

2015级期末成绩

图 2-3-6

这里也是要查找数据，是把数（或文本）与一行或一列数据依次进行匹配，匹配成功后，把对应的数值查找出来。所以，用 LOOKUP 函数进行查找。

1. 了解 MID 函数的用法

MID 函数是从文本中间截取一小部分构成一个新的文本。如截取“学号”第 3 位的操作过程如下：

单击“公式”→“函数库”→“插入函数”命令，找到MID函数，单击“确定”按钮，弹出“函数参数”对话框，如图 2-3-7 所示。

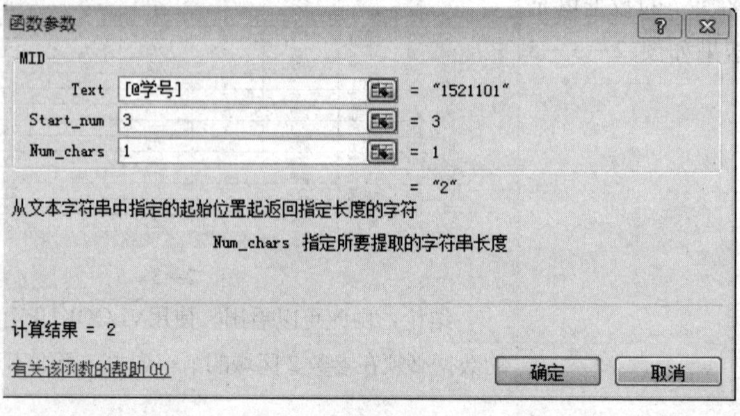

图 2-3-7

参数说明，Text：要截取的文本单元格；

Start_num：要截取的起始位置；

Num_chars：要截取字符的个数。

2．LOOKUP函数

打开LOOKUP函数参数对话框，如图 2－3－8 所示。

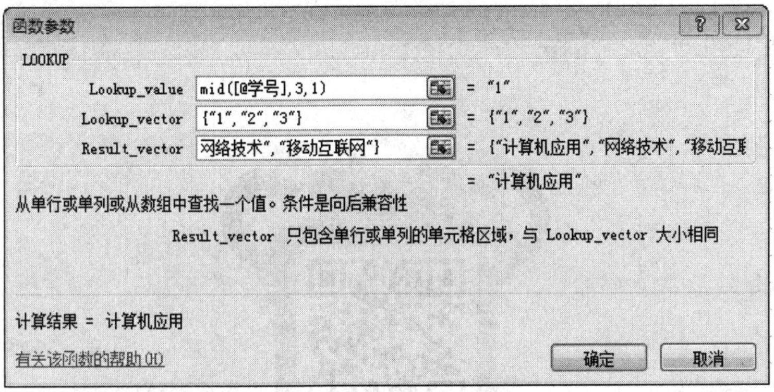

图　2－3－8

参数说明，Lookup_value：要查找的值；

Lookup_vector：要查找的范围且数值必须按升序排序；

Result_vector：返回值的范围；

小结：

VLOOKUP用对比数与一个“表”进行对比，而不是LOOKUP函数的某 1 列或 1 行，并且VLOOKUP可以选择采用精确查询或是模糊查询方式，而LOOKUP只有模糊查询。

操作记录单

一、学习方法建议

观看微课→预操作练习→听课（老师讲解、示范、拓展）→再操作练习→完成操作记录单

二、操作记录

1.LOOKUP函数的应用　☐

2.LOOKUP函数的应用　☐

三、困惑与建议

案例四　销售统计表分析

销售统计表分析微课，请扫二维码。

在日常工作中，常用 Excel 的分类汇总功能来统计数据，可以更加快速清晰地对数据进行分类汇总。像企业销售人员，每月每季度的销售量很大，通过分类汇可以总很方便地了解各区域或各销售人员的销售情况。而数据透视表是一种交互式的表，可以根据不同的需求，依照不同的关系来提取、组织和分析数据。另外，如果原始数据发生改变，则可以更新数据透视表。案例效果如图 2-4-1 和图 2-4-2 所示。

	A	B	C	D	E
1	生产厂	产品型号	三季度销售总量	三季度销售总额（万元）	销售额排名
2	神风二厂	SF1.5	332	2622.8	12
3	神风二厂	SF1.5T	309	3337.2	11
4	神风二厂	SF1.6	243	2255.0	15
5	神风二厂	SF1.6T	388	5036.2	7
6	**神风二厂 汇总**		1272	13251.3	
7	神风三厂	SF1.8	445	4530.1	8
8	神风三厂	SF2.0	305	3904.0	9
9	神风三厂	SF2.0T	507	10038.6	3
10	神风三厂	SF2.5	333	5421.2	5
11	神风三厂	SF3.0	238	6254.6	4
12	**神风三厂 汇总**		1828	30148.6	
13	神风一厂	SF1.2	572	2431.0	14
14	神风一厂	SF1.2T	274	2246.8	16
15	神风一厂	SF1.3	663	3613.4	10
16	神风一厂	SF1.3T	552	5244.0	6
17	神风一厂	SF1.4	383	2481.8	13
18	**神风一厂 汇总**		2444	16017.0	
19	**总计**		5544	59416.9	

图　2-4-1

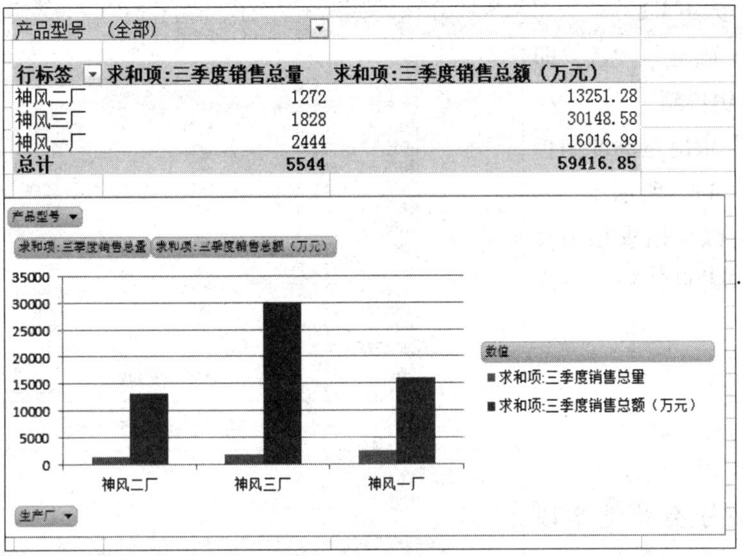

产品型号	(全部)	
行标签	求和项:三季度销售总量	求和项:三季度销售总额（万元）
神风二厂	1272	13251.28
神风三厂	1828	30148.58
神风一厂	2444	16016.99
总计	5544	59416.85

图　2-4-2

实现步骤

步骤	图示及详解

1．合并计算

（1）利用公式计算七月销售额、八月销售额和九月销售额。

（2）利用合并计算三季度销售总量和三季度销售总额。

步骤：①单击“数据”→数据工具→“合并计算”命令，弹出“合并计算”对话框，如图2-4-3所示。

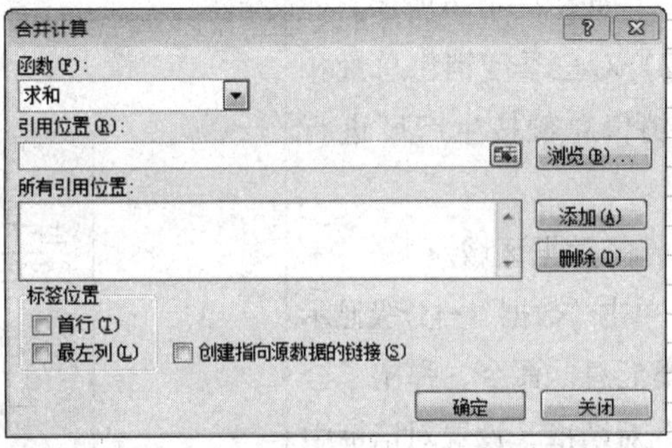

图　2-4-3

② 参数设置如下。

函数：选择“求和”项；

引用位置：首先选择“九月销售表”中的“九月销售量”列区域；

所有引用位置：单击“添加”按钮，将“引用位置”添加到“所有引用位置”列表框；同理，采用相同的操作将两个引用位置区域添加到“所有引用位置”列表框，如图2-4-4所示。

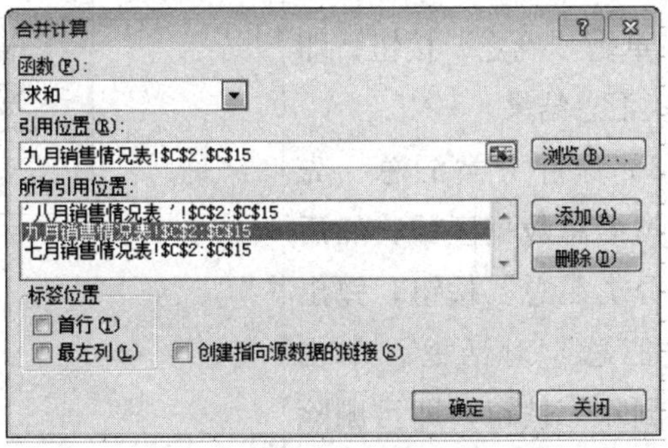

图　2-4-4

步骤	图示及详解

③ 单击“确定”按钮，即可求出九月份销售额。

④ 同理，求出三季度销售总额，如图2-4-5所示。

注：也可以采用求和函数求出三季度销售总量和三季度销售总额。

A	B	C	D
生产厂	产品型号	三季度销售总量	三季度销售总额（万元）
神风一厂	SF1.2	572	2431
神风一厂	SF1.2T	274	2246.8
神风一厂	SF1.3	663	3613.35
神风一厂	SF1.3T	552	5244
神风一厂	SF1.4	383	2481.84
神风二厂	SF1.5	332	2622.8
神风二厂	SF1.5T	309	3337.2
神风二厂	SF1.6	243	2255.04
神风二厂	SF1.6T	388	5036.24
神风三厂	SF1.8	445	4530.1
神风三厂	SF2.0	305	3904
神风三厂	SF2.0T	507	10038.6
神风三厂	SF2.5	333	5421.24
神风三厂	SF3.0	238	6254.64

图　2-4-5

2．分类汇总

（1）按分类关键字段排序。

① 选中数据区域。

② 单击“数据”→“排序和筛选”→“排序”命令，弹出“排序”对话框，设置主要关键字为“生产厂”；排序依据为“数值”，次序为“升序”，如图2-4-6所示。

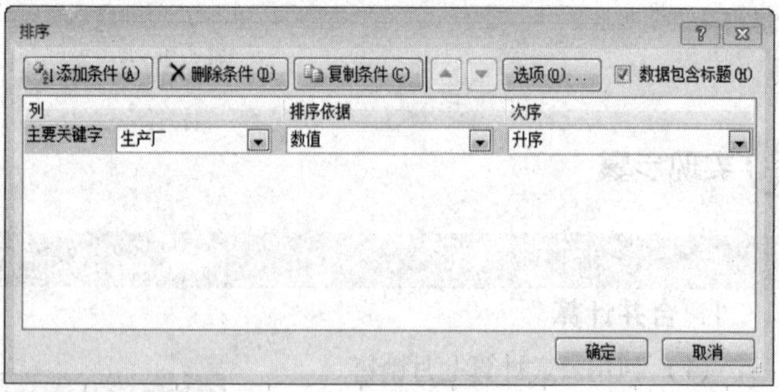

图　2-4-6

（2）对三季度销售总量和三季度销售总额按生产厂进行汇总。

① 选择数据区域。

② 单击“数据”→分级显示→“分类汇总”命令，弹出“分类汇总”对话框，设置对话框中的各参数，如图2-4-7所示。

③ 单击“确定”按钮，即得到分类汇总结果。

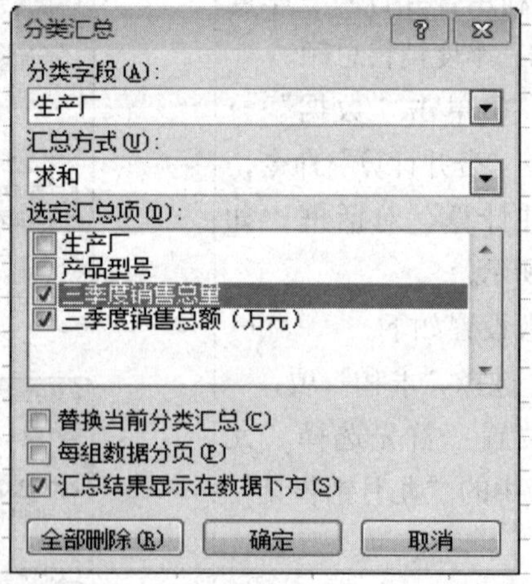

图　2-4-7

（3）删除分类汇总。先选择分类汇总数据区域，然后单击“分类汇总”按钮，弹出“分类汇总”对话框，单击“全部删除”按钮，即可删除分类汇总结果。

步骤	图示及详解

3．建立透视表和透视图

（1）创建透视表。

① 选中创建数据透视表的数据区域。

② 单击“插入”→“表格”→“数据透视表”→“数据透视表”命令，弹出“创建数据透视表”对话框，如图 2-4-8 所示，进行参数设置。

③ 单击“确定”按钮，弹出图 2-4-9 所示的“数据透视表字段列表”窗格，在此窗格中，拖动“选择要添加到报表的字段”列表框中相应的字段到下面的“行标签”“列标签”“数值”区域中，即可看到相应的透视表结果。

（2）创建透视图。

方法同创建透视表。

注意：对透视表和透视图进行编辑，即可得到相应的数据分析结果。

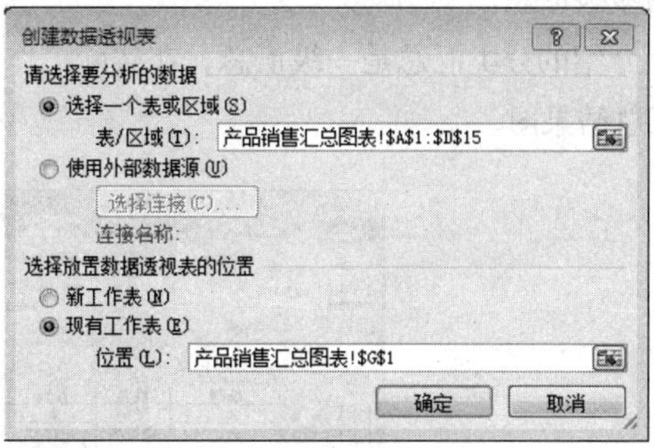

图　2-4-8

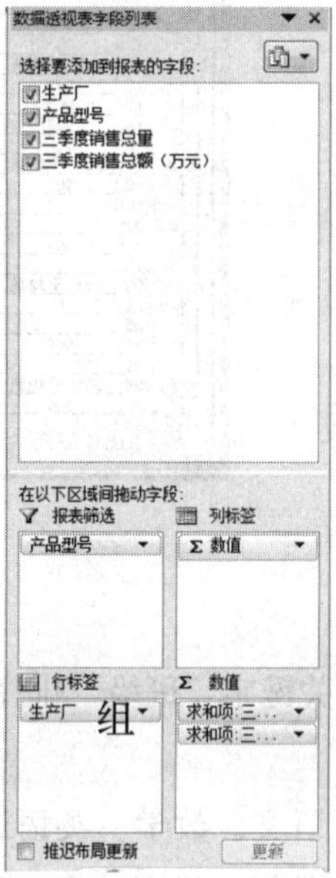

图　2-4-9

（3）删除透视表

① 选中数据透视表的一个单元格，出现“数据透视表工具”选项卡。

② 单击“数据透视表工具/选项”选项卡“操作”组中的“选择”→“整个数据透视表”命令，如图 2-4-10 所示。

③ 选中数据透视表后，按【Delete】键删除。

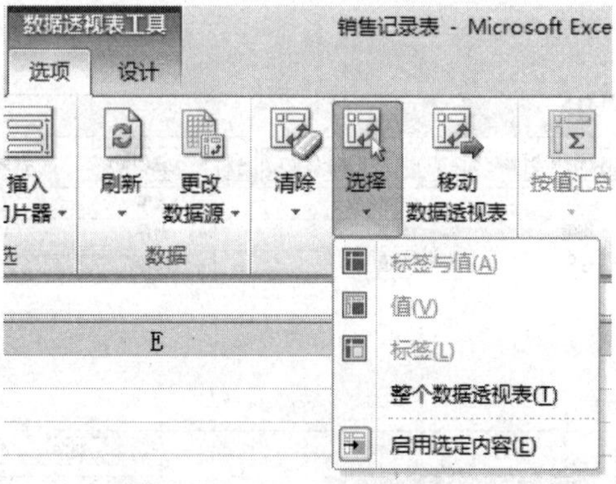

图　2-4-10

拓展提高

使用多级汇总。

前面介绍的分类汇总是一级汇总，在实际工作中往往要实现多级汇总，图 2-4-11 所示为二级汇总结果图。

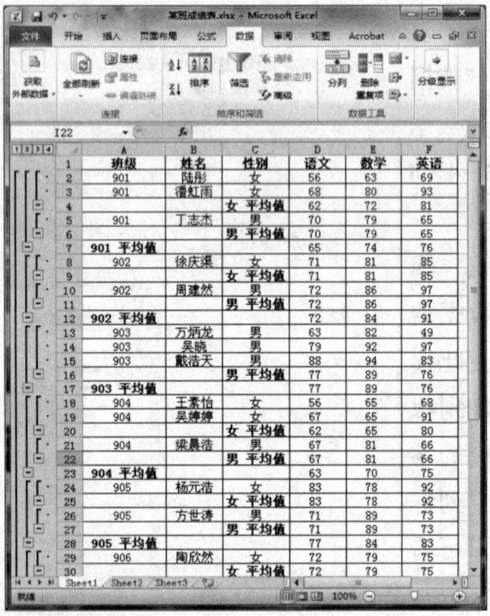

图 2-4-11

操作步骤如下：

（1）先对主要关键字“班级”排序，然后对次要关键字“性别”排序，“排序”对话框如图 2-4-12所示。

（2）按班级对语文、数学、英语进行平均值汇总，“分类汇总”对话框如图 2-4-13 所示。单击“确定”按钮，得到结果如图 2-4-14 所示。

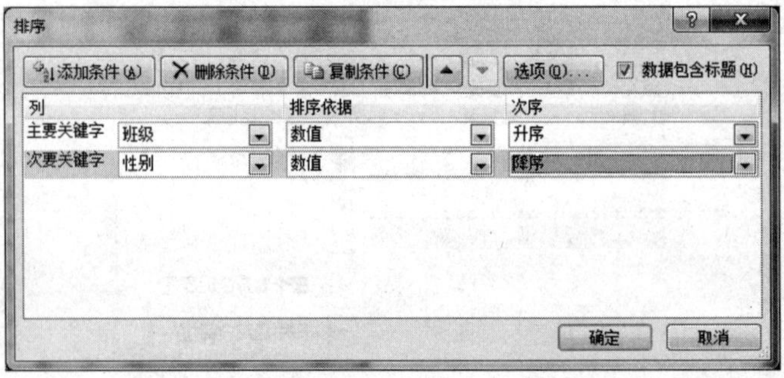

图 2-4-12

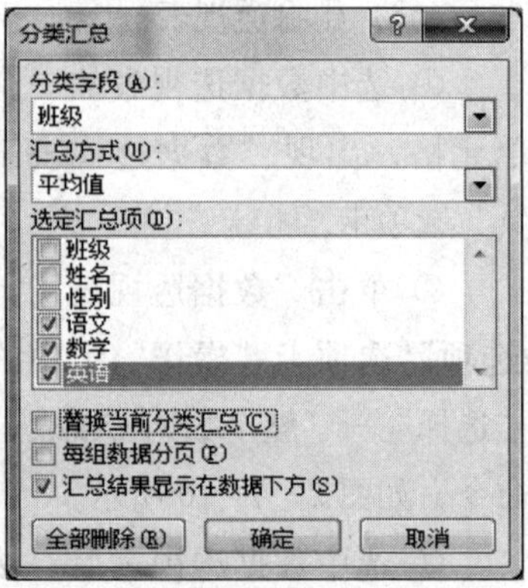

图 2-4-13

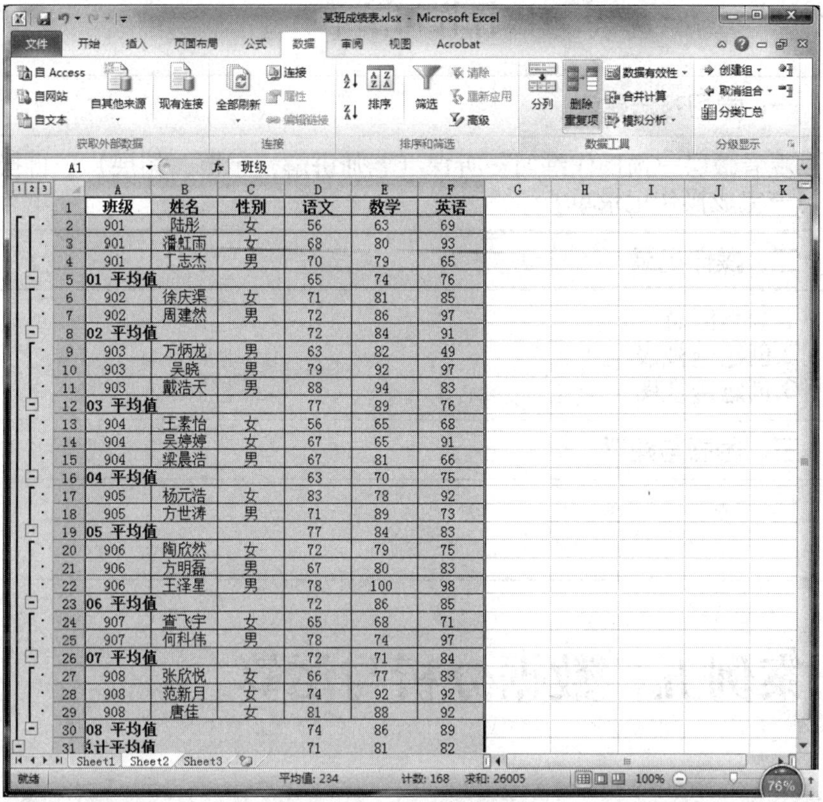

图　2-4-14

(3) 选中图 2-4-14 中的数据，再单击“数据”→“分级显示”→“分类汇总”命令，打开“分类汇总”对话框，如图 2-4-15 所示。

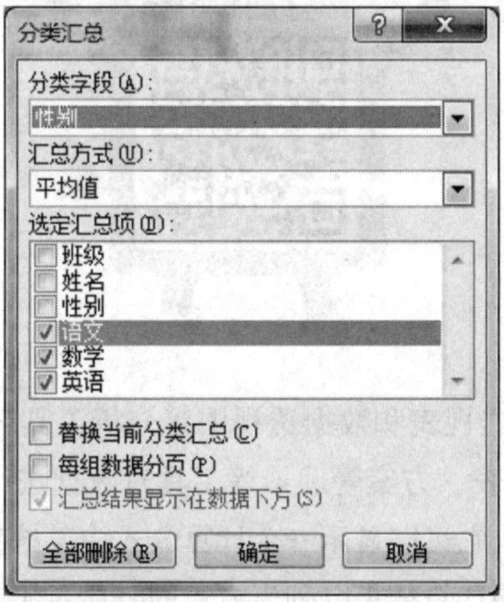

图　2-4-15

(4) 单击“确定”按钮，即可得到图 2-4-11 所示的分类汇总效果。

(5) 同理，可以创建多级分类汇总。

操作记录单

一、学习方法建议

观看微课→预操作练习→听课（老师讲解、示范、拓展）→再操作练习→完成操作记录单

二、操作记录

1.分类汇总 □
2.创建透视表 □
3.创建透视图 □

三、困惑与建议

案例五　数据分析与运算

数据分析与运算微课，请扫二维码。

案例四介绍了通过数据透视表和数据透视图等分析工具对工作表中的数据进行分析。Excel中还可以通过模拟运算表、方案管理器等工具对数据进行分析。模拟运算表实际上是工作表中的一个单元格区域，它可以显示一个计算公式中某些参数值的变化对计算结果的影响。由于它可以将所有不同的计算结果以列表方式同时显示出来，因而，便于查看、比较和分析。根据分析计算公式中的参数的个数，模拟运算表又分为单变量模拟运算表、双变量模拟运算表和单变量求解。本案例主要介绍模拟运算表中的单变量模拟运算表和双变量模拟运算表的操作过程。单变量模拟运算表和作品秀如图 2-5-1 和图 2-5-2 所示，双变量模拟运

算表和作品秀如图 2-5-3 和图 2-5-4 所示。

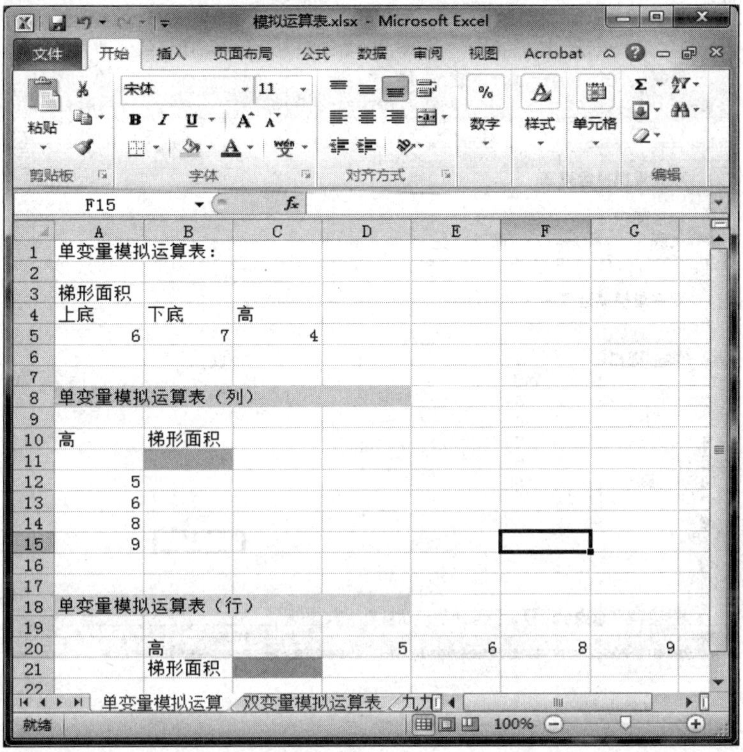

图 2-5-1

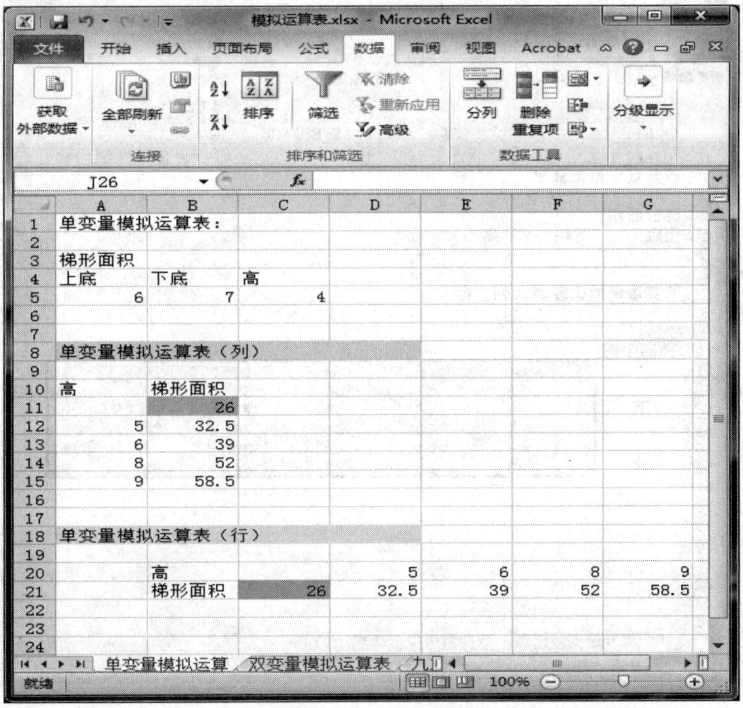

图 2-5-2

模拟运算表.xlsx - Microsoft Excel
文件 开始 插入 页面布局 公式 数据 审阅 视图 Acrobat
F19
双变量模拟运算表
梯形面积
上底 下底 高
7 9 8
双变量模拟运算表（列，行）
梯形面积
上 底
64 8 9 12 14 15
下 5 6 7 8 9 底
单变量模拟运算 双变量模拟运算表
就绪 100%

图 2-5-3

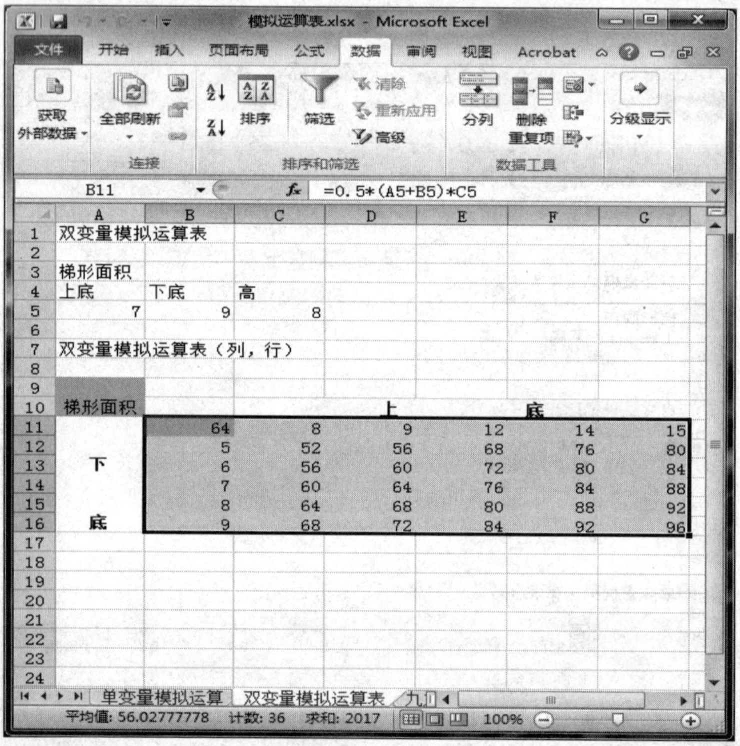
模拟运算表.xlsx - Microsoft Excel
文件 开始 插入 页面布局 公式 数据 审阅 视图 Acrobat
获取外部数据 全部刷新 连接 排序 筛选 清除 重新应用 高级 排序和筛选 分列 删除重复项 数据工具 分级显示
B11 =0.5*(A5+B5)*C5
双变量模拟运算表
梯形面积
上底 下底 高
7 9 8
双变量模拟运算表（列，行）
梯形面积
上 底
64 8 9 12 14 15
5 52 56 68 76 80
6 56 60 72 80 84
7 60 64 76 84 88
8 64 68 80 88 92
9 68 72 84 92 96
下 底
单变量模拟运算 双变量模拟运算表
平均值: 56.02777778 计数: 36 求和: 2017 100%

图 2-5-4

实现步骤

步骤	图示及详解
1．单变量模拟运算表 （1）选中B11单元格，输入公式“=0.5*(A5+B5)*C5”，按【Enter】键，得到数值26，如图2-5-5所示。 （2）选中A11：B15区域，单击“数据”→“数据工具”→“模拟分析”→“模拟运算表”命令，弹出“模拟运算表”对话框，如图2-5-5所示。 （3）由于是列形式，所以在“模拟运算表”对话框的“输入引用列的单元格”文本框中选择C5单元格。若是行形式，则选择“输入引用行的单元格”，如图2-5-6所示。 （4）单击“确定”按钮，即得到图2-5-2所示的结果。	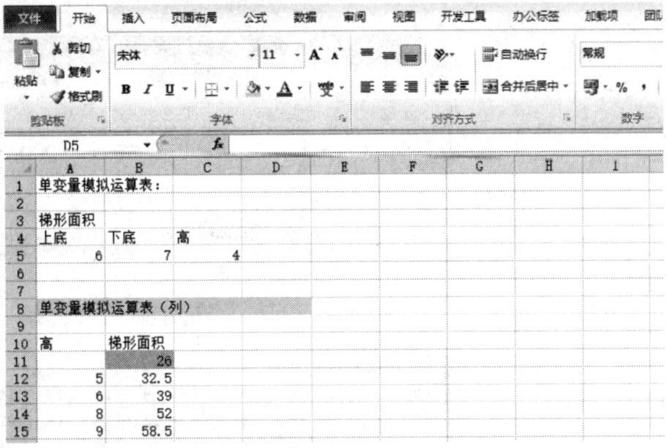 图 2-5-5 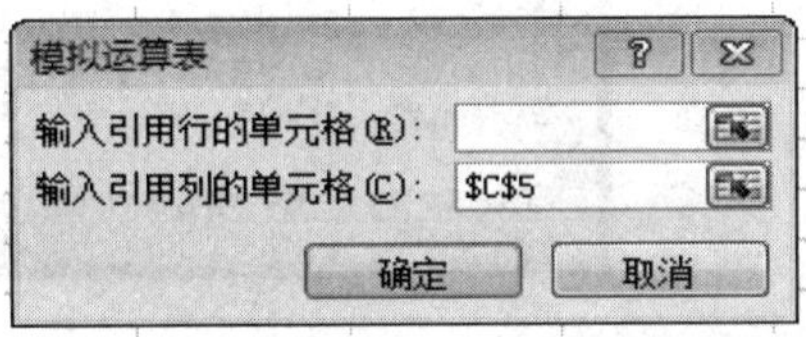 图 2-5-6
2．双变量模拟运算表 （1）选中B11单元格，输入公式“=0.5*(A5+B5)*C5”，按【Enter】键，得到数值64。 （2）选中B11：G16区域，单击“数据”→“数据工具”→“模拟分析”→“模拟运算表”菜单，弹出“模拟运算表”对话框。 （3）由于是双变量，即上底和下底，所以对话框中，“输入引用行的单元格”为上底A5单元格，“输入引用列的单元格”为下底B5单元格，如图2-5-7所示。 （4）单击“确定”按钮，即得到图2-5-4所示的结果。 小结：不论是单变量模拟运算表还是双变量模拟运算表，它们共同的操作步骤都是：①在相应的单元格内输入公式；②选定区域（包含公式和替换值序列的区域）。	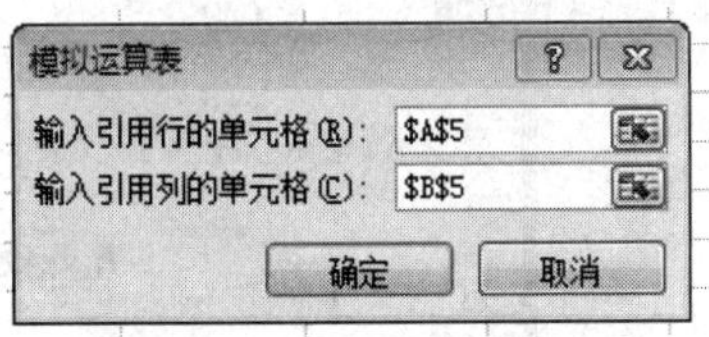 图 2-5-7

拓展提高

模拟九九乘法口诀表。

利用双变量模拟运算表快速地填写九九乘法口诀表，如图 2-5-8 所示。

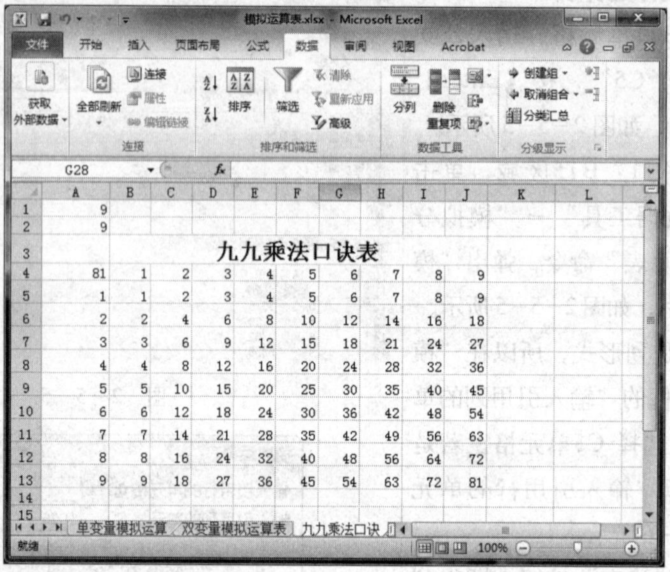

	A	B	C	D	E	F	G	H	I	J
1	9									
2	9									
3	九九乘法口诀表									
4	81	1	2	3	4	5	6	7	8	9
5	1	1	2	3	4	5	6	7	8	9
6	2	2	4	6	8	10	12	14	16	18
7	3	3	6	9	12	15	18	21	24	27
8	4	4	8	12	16	20	24	28	32	36
9	5	5	10	15	20	25	30	35	40	45
10	6	6	12	18	24	30	36	42	48	54
11	7	7	14	21	28	35	42	49	56	63
12	8	8	16	24	32	40	48	56	64	72
13	9	9	18	27	36	45	54	63	72	81

图　2-5-8

操作步骤：

（1）在 A1 和 A2 单元格内分别输入“9”，作为两个可变单元格的值。

（2）分别在 B4 和 C4 及 A5 和 A6 单元格内输入序列 1 和 2，采用拖动填充句柄的形式得到图 2-5-9 所示的填充数据。

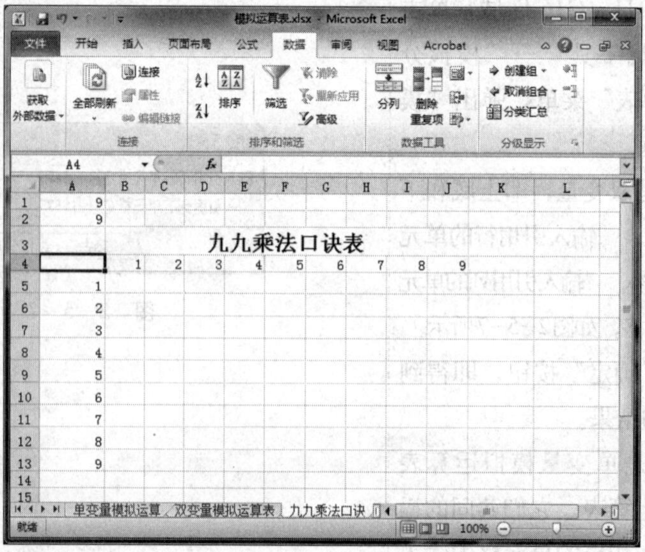

	A	B	C	D	E	F	G	H	I	J
1	9									
2	9									
3	九九乘法口诀表									
4		1	2	3	4	5	6	7	8	9
5	1									
6	2									
7	3									
8	4									
9	5									
10	6									
11	7									
12	8									
13	9									

图　2-5-9

（3）选定 A4 单元格，在其单元格中输入公式“=A1*A2”，按【Enter】键或单击公式编辑栏中的“✓”按钮，即得到数值“81”。

（4）选定 A4：J13 区域，单击“数据”→“数据工具”→“模拟分析”→“模拟运算表”命令，弹出“模拟运算表”对话框，如图 2－5－10 所示。

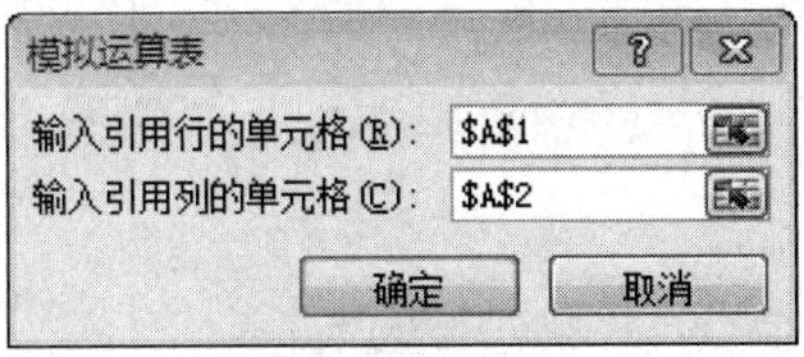

图 2－5－10

（5）单击“确定”按钮，即可得到图 2－5－8 所示的九九乘法口诀表。

操作记录单

一、学习方法建议

观看微课→预操作练习→听课（老师讲解、示范、拓展）→再操作练习→完成操作记录单

二、操作记录

1.单变量模拟运算表操作 □
2.双变量模拟运算表操作 □

三、困惑与建议

项目三

PowerPoint演示文稿制作

本项目介绍的是演示文稿的高级应用操作，主要介绍演示文稿的母版、插入艺术字、SmartArt、视频、超链接、动画，以及动作设置等内容。通过本项目的学习，可以熟练创建并处理演示文稿。

学习目标

1．能进行PPT母版设置；

2．会在演示文档中插入视/音频、艺术字、图表、SmartArt、项目符号和编号；

3．会在PPT中使用版式，以及插入超链接；

4．能正确设置动作按钮、动画效果和放映方式。

案例一 公司宣传片封面、结尾、内容及声音、视频的制作

公司宣传片封面、结尾、内容及声音、视频的制作微课，请扫二维码。

利用PPT制作广告公司宣传片，宣传片的内容可通过母版和版式及背景的设计统一风格；宣传片不仅需要有内容，还需要有封面和结尾。可通过插入艺术字来设计封面和结尾，为使宣传片内容更丰富，还可插入声音、视频等。本案例主要介绍制作广告公司宣传片的部分内容，经处理后所得到的效果图如图 3－1－1 所示。

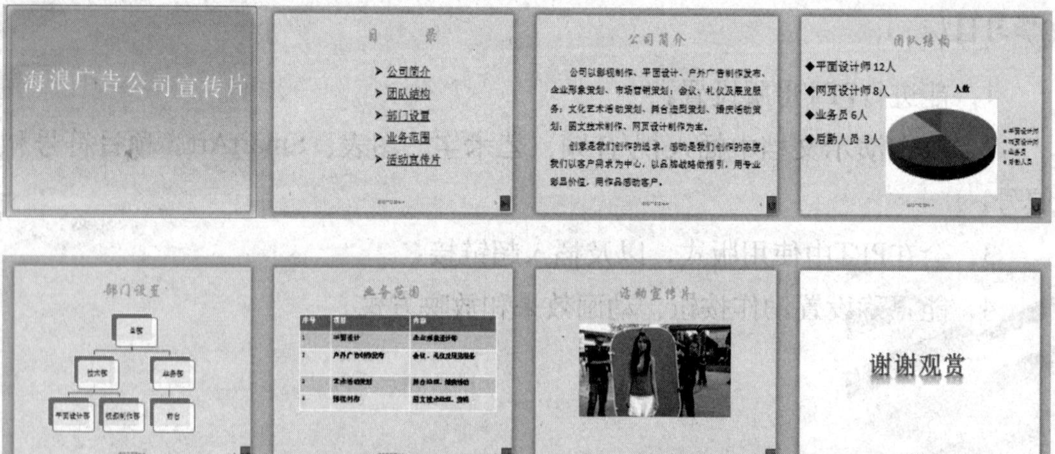

图 3－1－1

实现步骤

<table>
<tr><th>步骤</th><th>图示及详解</th></tr>
<tr><td>1．设置幻灯片母版</td><td>设置母版标题样式的字体为华文行楷、字号44号、颜色为浅蓝色。</td></tr>
<tr><td>（1）单击“视图”→“母版视图”→“幻灯片母版”命令，如图3－1－2所示。此时，会在PowerPoint 2010工作环境内显示幻灯片母版视图，并显示“幻灯片母版”选项卡。</td><td>
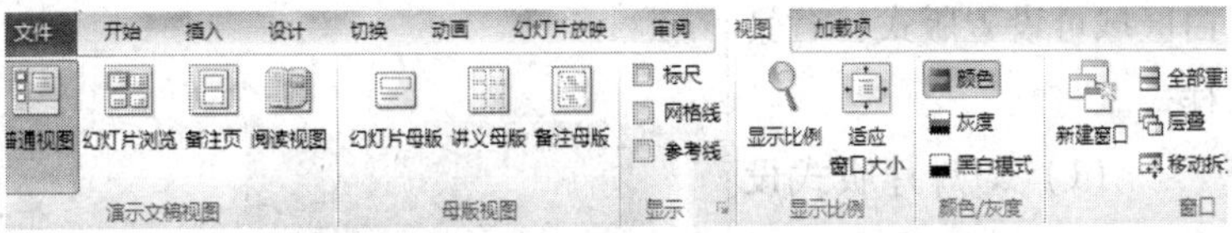

图　3－1－2
</td></tr>
<tr><td>（2）选中第一张母版标题样式，如图3－1－3所示，切换到“开始”选项卡，在字体组中设置字体、字形、颜色等。

设置完成后，单击“幻灯片母版”→“关闭”→“关闭母版视图”命令。

幻灯片母版是幻灯片层次结构中的顶层幻灯片，用于存储有关演示文稿的主题和幻灯片版式。

在幻灯片母版中可以对母版格式（包括背景、颜色、字体、效果、占位符大小和位置等）进行样式更改。

对母版样式更改可以使演示文稿中的每张幻灯片（包括以后添加到演示文稿中的幻灯片）有统一样式，如图3－1－4所示。</td><td>

图　3－1－3

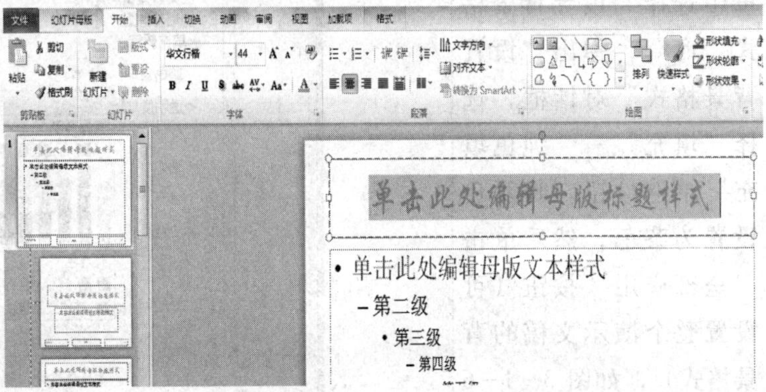

图　3－1－4
</td></tr>
</table>

<table>
<tr><th>步骤</th><th>图示及详解</th></tr>
<tr><td>2．更改幻灯片版式、设置背景样式</td><td>将第一张和最后一张幻灯片版式设为空白，将演示文稿整体背景样式设置为纯色填充茶色，将第一张幻灯片背景样式设置为渐变填充，颜色为雨后初晴，将渐变光圈作相应设置。</td></tr>
<tr><td>通过右击幻灯片空白区域可设置版式、背景样式。

（1）幻灯片版式设置：右击幻灯片空白区域，在弹出的快捷菜单中选择“版式”→“空白”命令，如图 3－1－5 所示，即可将幻灯片版式更改为空白版式。

单击幻灯片目录中的幻灯片，按【Enter】键可以在后面插入新幻灯片，重复以上步骤，即可插入 n 张幻灯片。</td><td>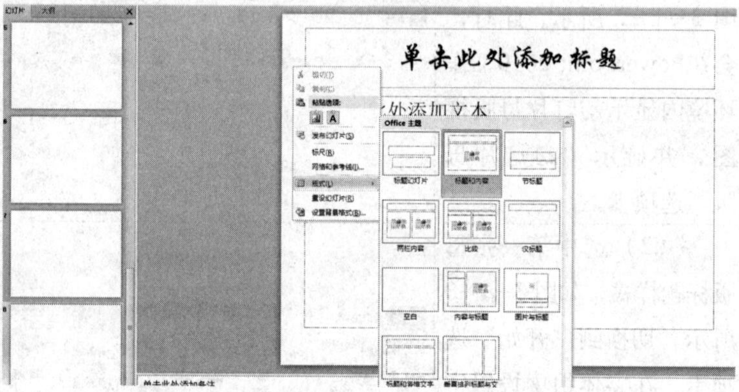

图 3－1－5</td></tr>
<tr><td>（2）设置幻灯片背景样式：右击幻灯片区域，在弹出的快捷菜单中选择“设置背景格式”命令，弹出“设置背景格式”对话框，选择“填充”→“纯色填充”单选按钮，将颜色设置为茶色，然后单击“全部应用”按钮（可设置整个演示文稿的背景格式），如图 3－1－6 所示。</td><td>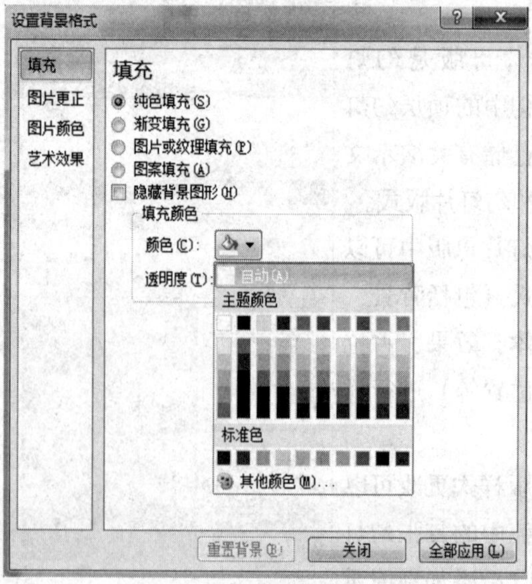

图 3－1－6</td></tr>
</table>

<table>
<tr><th>步骤</th><th>图示及详解</th></tr>
<tr><td>背景填充不仅可以进行纯色填充还可以渐变填充、图案填充等。右击幻灯片空白区域，在弹出的快捷菜单中选择“设置背景格式”命令，弹出“设置背景格式”对话框，选择“填充”→“渐变填充”单选按钮，预设颜色选择“雨后初晴”，如图 3-1-7 所示，调整渐变光圈然后单击“关闭”按钮（可设置单张幻灯片背景）。</td><td>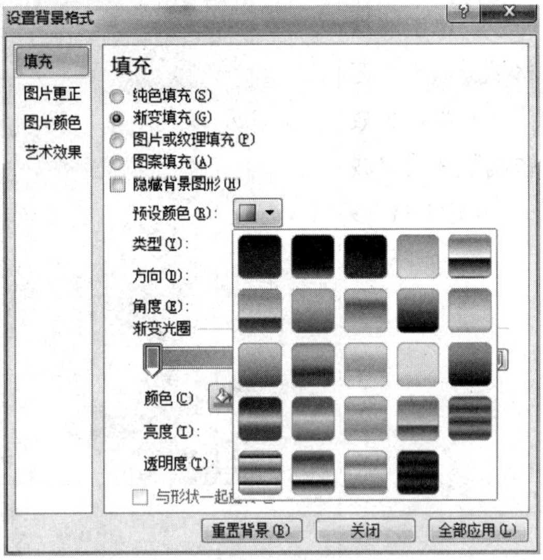

图　3-1-7</td></tr>
<tr><td>3. 插入艺术字、音频和视频</td><td>在第一张幻灯片上插入艺术字“海浪广告公司宣传片”，艺术样式填充为白色投影，文字效果为“双波形1”，发光选项中颜色预设为18pt、强调文字颜色为5、浅绿色；在最后一张幻灯片中插入艺术字为“谢谢观赏”，样式为渐变填充紫色、强调颜色为4。
在第一张幻灯片上插入音频文件“安妮的仙境”，并剪辑其中一段音频，在第七张幻灯片上插入视频文件“宣传片视频”，并选取其中一段视频。</td></tr>
<tr><td>方法：切换到“插入”选项卡，可设置艺术字、视频、音频。
(1) 插入艺术字。
① 单击“插入”→“文本”→“艺术字”命令，选择“填充-白色，投影”，如图 3-1-8 所示。</td><td>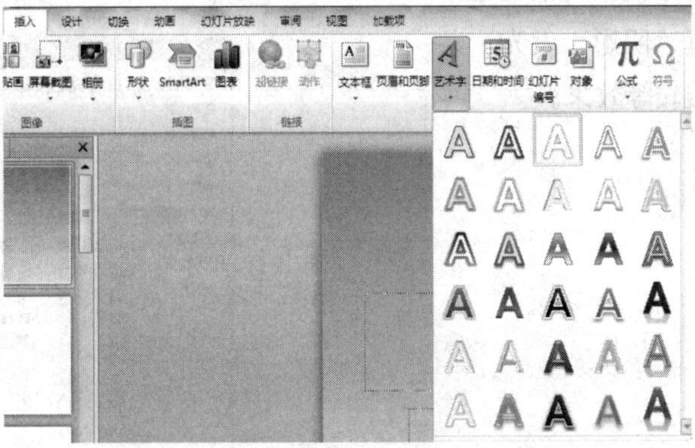

图　3-1-8</td></tr>
</table>

步骤	图示及详解
② 设置艺术字格式：选中文字，单击“绘图工具/格式”→“艺术字样式”→“文本效果”→“转换”→“双波形1”命令，如图 3－1－9 所示。	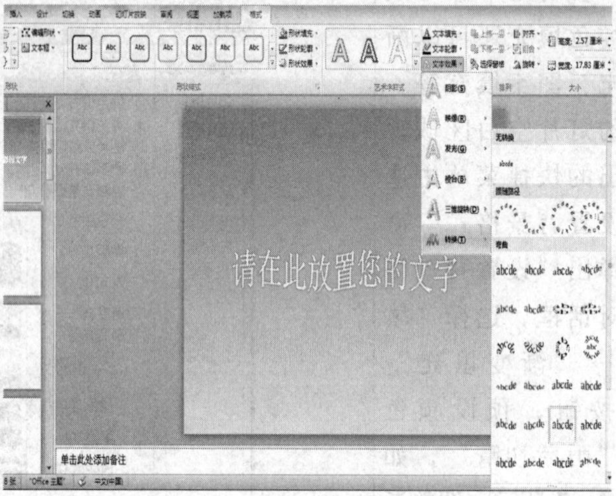 图 3－1－9
③ 单击“绘图工具/格式”→“艺术字样式”→“文本效果”→“发光”→“水绿色”命令，图 3－1－10 所示，选择“发光选项”命令，弹出“设置文本效果格式”对话框，在此设置发光颜色、大小等，如图 3－1－11 所示。 在“设置文本效果格式”对话框中可设置艺术字边框、阴影、发光、柔化、旋转等效果。	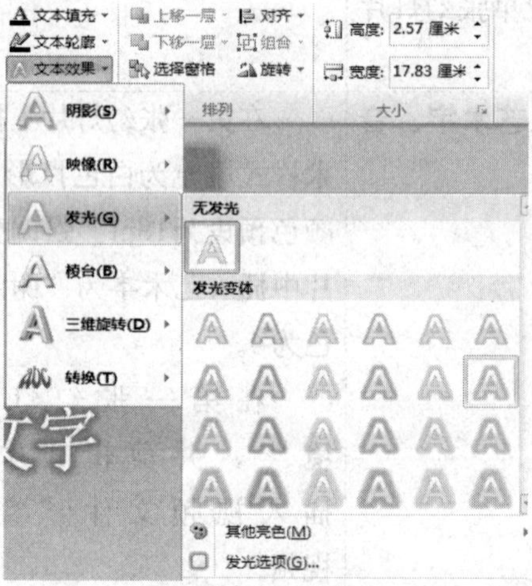 图 3－1－10 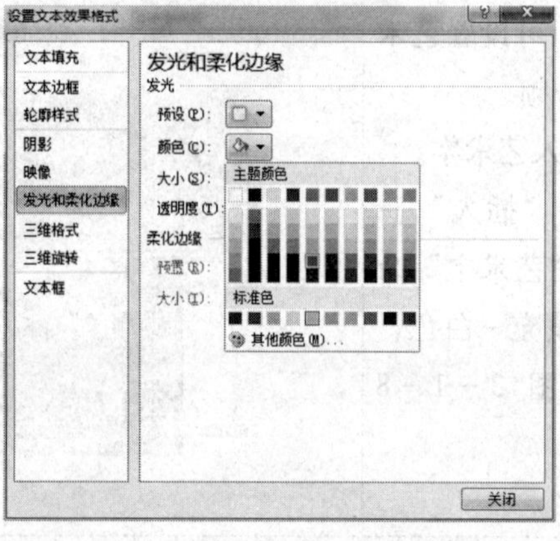 图 3－1－11

步骤	图示及详解
（2）插入音频／视频。 ① 单击“插入”→“媒体”→“音频／视频”命令，如图 3－1－12 和图3－1－13 所示，选择音频／视频文件直接插入即可。 注意，不是所有视频都能插入到PPT中，有些需要格式转换。 视频建议使用PPT支持的avi、mpg、wmv、asf 格式。	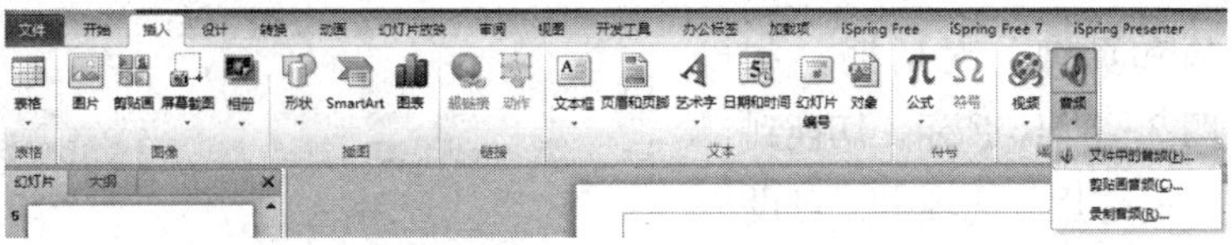 图　3－1－12 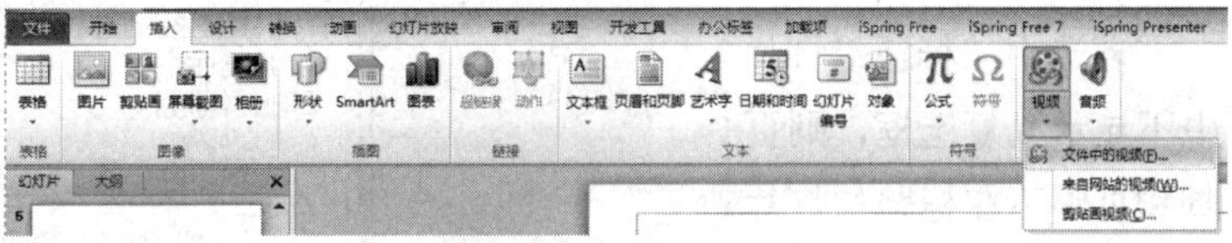 图　3－1－13
② 设置视／音频格式：插入音频文件后，弹出“音频工具／格式”选项卡，在此可设置视／音频文件的尺寸、图片边框、效果等，如图 3－1－14 所示。	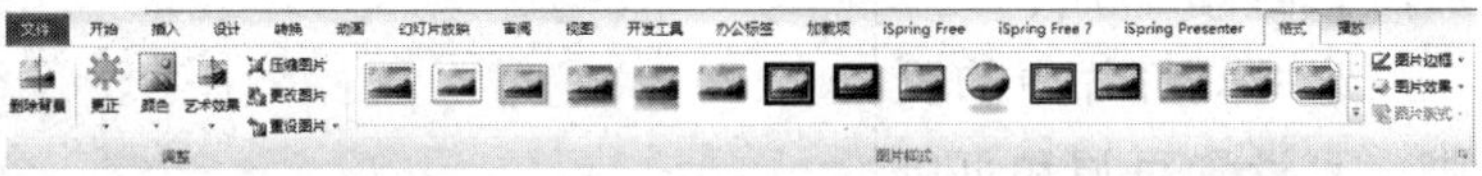 图　3－1－14
4．插入页眉和页脚	在页面底端中部设置页脚“海浪广告宣传片”，页面底部右下角设置页码。
（1）单击“视图”→“母版视图”→“幻灯片母版”命令，如图3－1－15 所示。	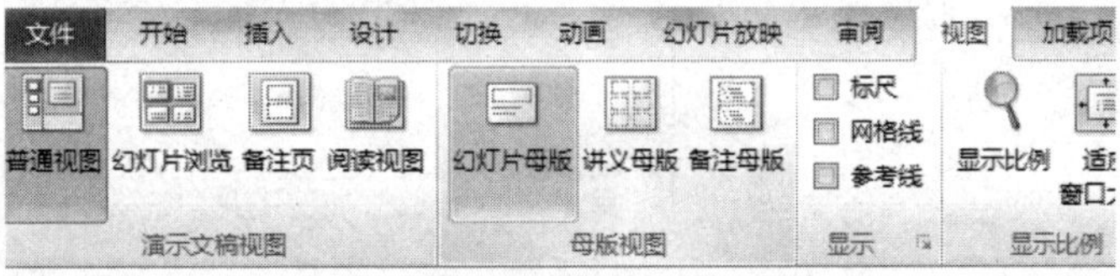 图　3－1－15

步骤	图示及详解
（2）单击“插入”→“文本”→“页眉和页脚”命令，弹出“页眉和页脚”对话框，如图 3－1－16 所示，切换到“幻灯片”选项卡，可设置幻灯片编号（页码）、页脚、时间日期。 若选中“标题幻灯片中不显示”复选框，则页脚和页码不在标题幻灯片中显示。 若单击“应用”按钮，则将页脚和页码用于该张幻灯片。 若单击“全部应用”按钮，即可将页脚和页码应用于全部幻灯片中。 选中幻灯片中的页脚，可设置页眉和页脚格式。	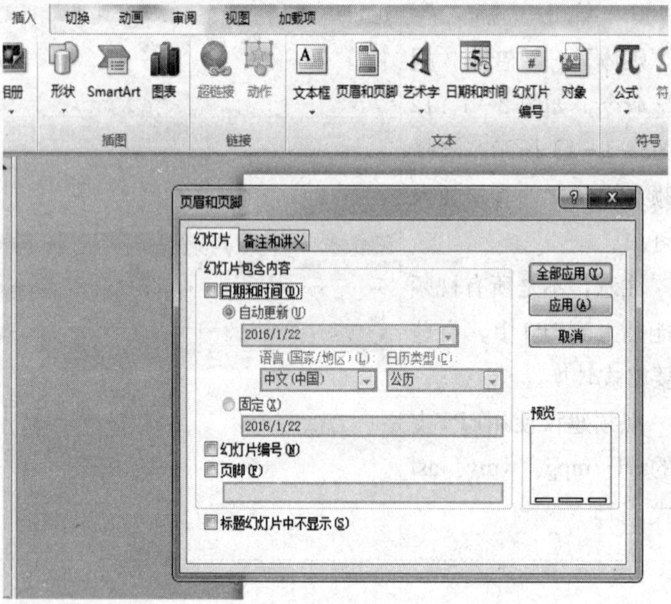 图 3－1－16
在幻灯片母版中拖动页眉和页脚的位置，就能统一改变页眉和页脚的位置。	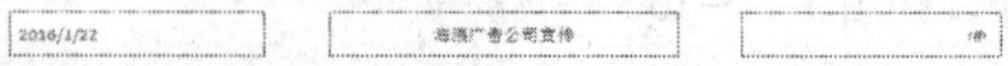

拓展提高

在 PPT 中可以只截取原有视频或音频中的一部分进行播放。

方法如下：单击“视频工具（或音频工具）”“播放”→“编辑”→“剪裁视频（或剪裁音频）”命令，打开“剪裁视频”（或“剪裁音频”）对话框，如图 3-1-7 所示。在此对话框中重新设置播放起始点和结束点，设置完成后单击“确定”按钮，即可随心所欲地选择实际需要播放的视/音频片段。

图 3-1-17

操作记录单

一、学习方法建议

观看微课→预操作练习→听课（老师讲解、示范、拓展）→再操作练习→完成操作记录单

二、操作记录

1.设置幻灯片母版 □
2.更改幻灯片版式、设置背景样式 □
3.插入艺术字、音频和视频 □
4.插入页眉和页脚 □

三、困惑与建议

案例二　公司宣传片形式多样化处理

公司宣传片形式多样化处理微课，请扫二维码。

利用 PPT 制作广告公司宣传片，可以通过图表、表格、SmartArt 等多种形式使宣传片的内容不过于单调。本案例主要利用图表、表格、SmartArt 制作广告公司宣传片的部分内容，经处理后，最终效果图如图 3－1－1 所示。

实现步骤

步骤	图示及详解
1．插入项目符号	在第二张幻灯片的文本框中插入项目符号➢；在第四张幻灯片的文本框中插入项目符号◆。
（1）单击“开始”→“绘图”→“排列”→“对齐”命令，可设置文本框的垂直水平对齐方式，如图 3－2－1 所示。	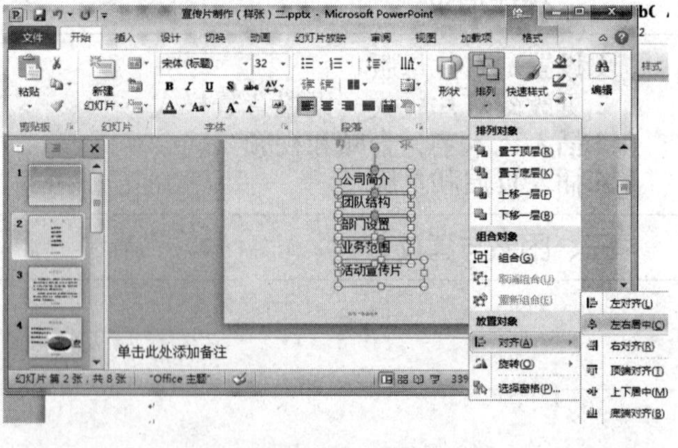 图　3－2－1

步骤	图示及详解
（2）单击“开始”→“段落”→“项目符号”下拉按钮→“项目符号和编号”命令，如图 3－2－2所示，弹出“项目符号和编号”对话框，如图 3－2－3所示，可设置项目符号的颜色；单击“自定义”按钮，弹出“符号”对话框，如图 3–2–4 所示，可设置特殊符号作为项目符号。	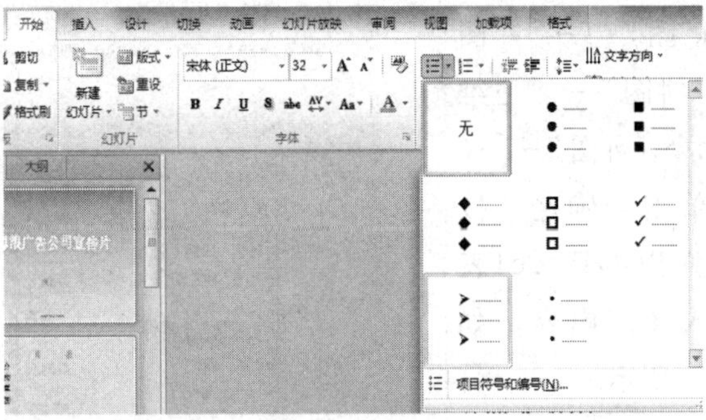 图　3–2–2 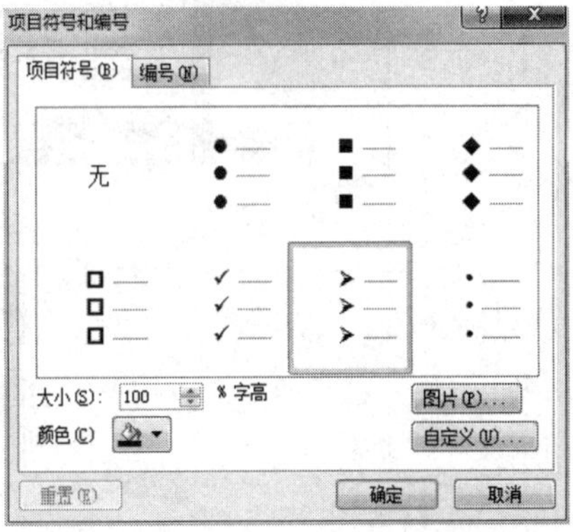 图　3–2–3 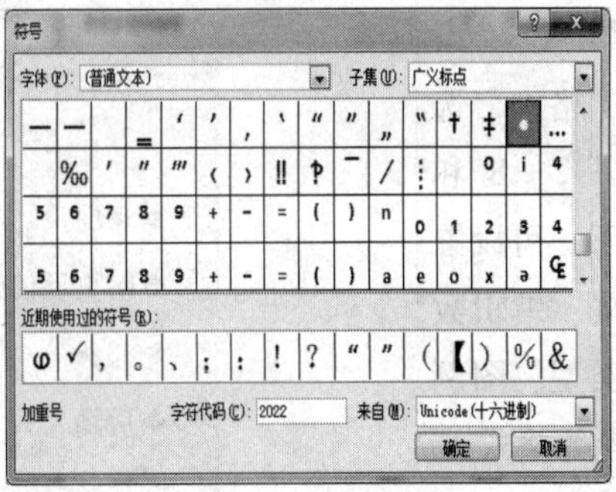 图　3–2–4
2．插入图表 在第四张幻灯片中插入三维饼图，示例如图 3–2–5 所示。	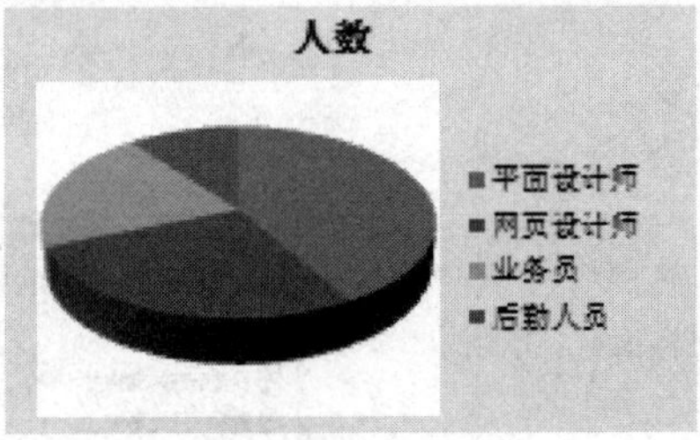 图　3–2–5

步骤	图示及详解

（1）单击“插入”→“插图”→“图表”→“饼图”→“三维饼图”命令，如图3-2-6所示，单击“确定”按钮，在弹出的Excel表格中输入图表内容，如图3-2-7所示。

图 3-2-6

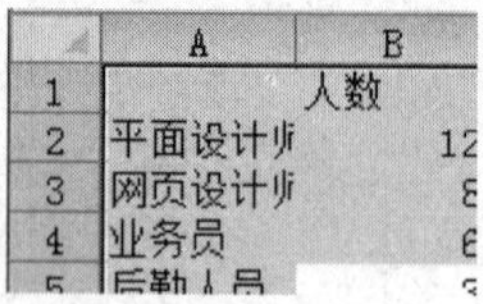

图 3-2-7

（2）此时，显示“图表工具”/“设计”“布局”“格式”选项卡，如图3-2-8和图3-2-9所示，可设置图表样式、布局、编辑数据、更改数据类型、图例位置、图表标题等格式。

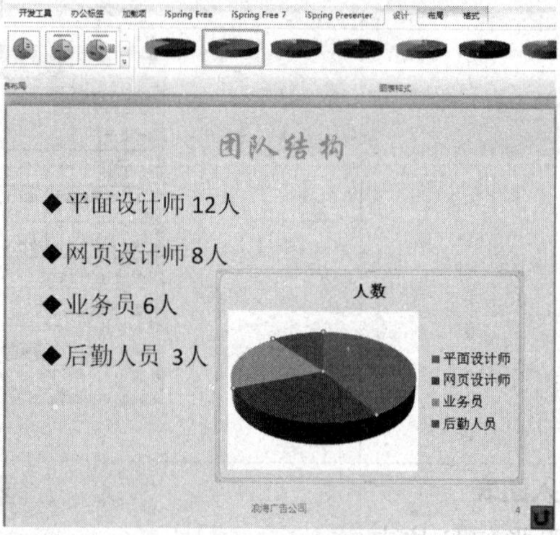

图 3-2-8

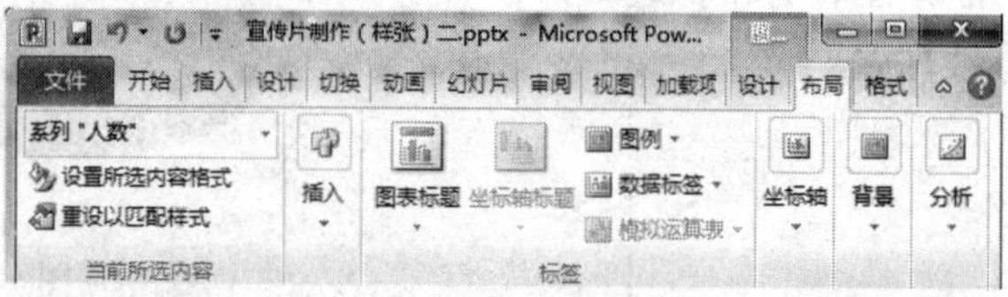

图 3-2-9

步骤	图示及详解

（3）右击饼图区域的空白处，在弹出的快捷菜单中选择“设置绘图区格式”命令，弹出“设置绘图区格式”对话框，选择“填充”→“纯色填充”→“白色”命令，如图 3－2－10 所示。

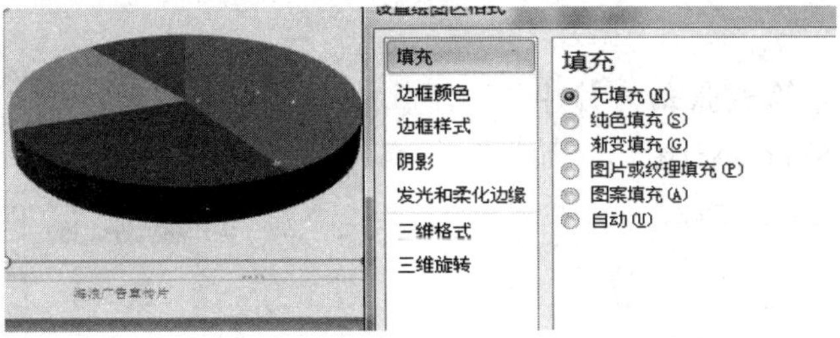

图　3－2－10

3．插入表格

在第七张幻灯片中插入表格如图 3－2－11 所示。

序号	项目	内容
1	平面设计	企业形象设计等
2	户外广告制作发布	会议、礼仪及展览服务
3	艺术活动策划	舞台造型、婚庆活动
4	影视制作	图文技术处理、剪辑

图　3－2－11

（1）单击“插入”→“表格”命令，如图 3－2－12 所示，直接圈选即可插入表格；绘制表格是用画笔画表格框。

图　3－2－12

（2）表格格式设置：“表格工具”/“布局”选项卡如图 3－2－13 所示，在“单元格大小”组中可设置行高和列宽。

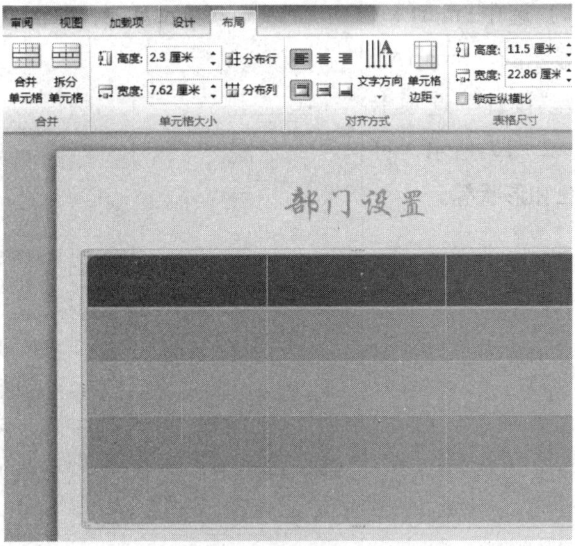

图　3－2－13

<table>
<tr><th>步骤</th><th>图示及详解</th></tr>
<tr><td>

4．插入SmartArt图形

在第五张幻灯片中插入SmartArt图形，如图 3-2-14 所示。

</td><td>

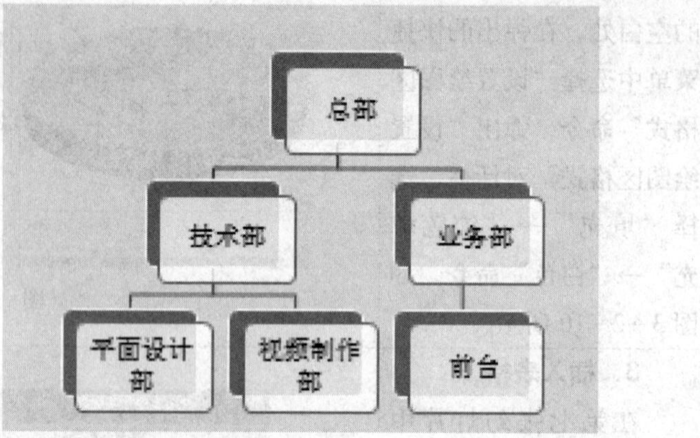

图　3-2-14

</td></tr>
<tr><td>

（1）单击“插入”→“插图”→ SmartArt→“层次结构”命令，如图 3-2-15 所示，选择合适的层次结构后，单击“确定”按钮，即可插入相应的SmartArt图形，在弹出的窗格中或图形的文本框中可直接输入文字，如图 3-2-16 所示。

（2）选中SmartArt图形，显示的“SmartArt工具”/“设计”选项卡如图 3-2-17 所示，可更改颜色和形状等。

</td><td>

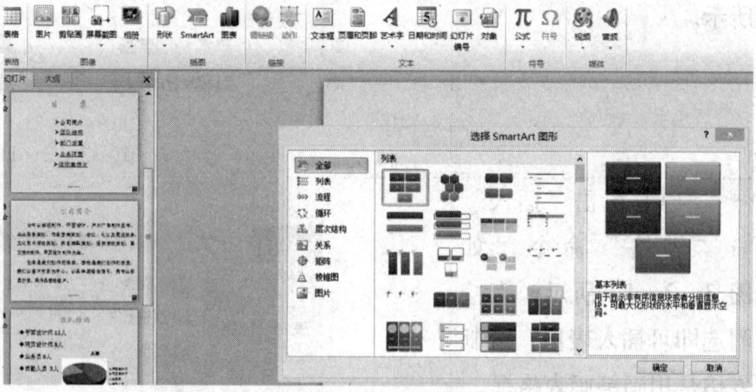

图　3-2-15

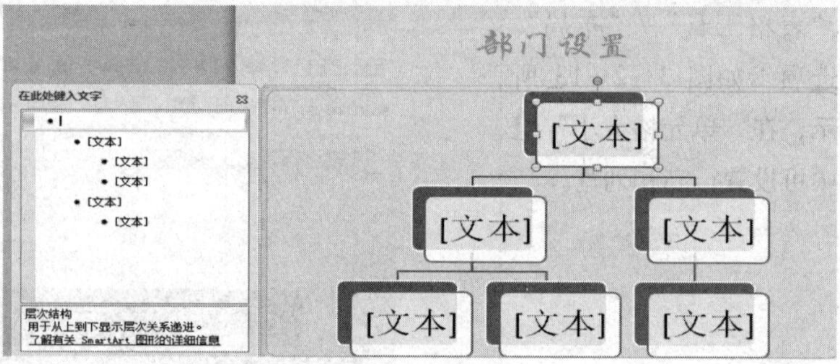

图　3-2-16

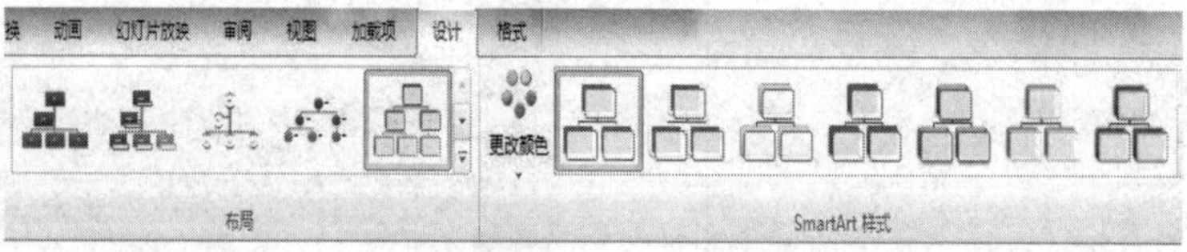

图　3-2-17

</td></tr>
</table>

拓展提高

SmartArt图形动画效果可以整体添加，也可以给每一部分分别添加，要分别添加首先要取消图形组合。选中SmartArt图形→“SmartArt工具”/“格式”→“排列”→“组合”→“取消组合”命令，即可取消图形组合。

操作记录单

一、学习方法建议

观看微课→预操作练习→听课（老师讲解、示范、拓展）→再操作练习→完成操作记录单

二、操作记录

1.插入项目符号 □
2.插入图表 □
3.插入表格 □
4.插入SmartArt图形 □

三、困惑与建议

案例三　公司宣传片动画效果制作

公司宣传片动画效果制作微课，请扫二维码。

前面案例中只介绍了制作广告公司宣传片的相关内容，而要宣传公司不仅要有内容而且还需要绚丽夺目的动画来充实宣传片；为了更好展示宣传片，还需要可以随意切换跳转到目标幻灯片。本案例是将上面的案例进行动画和动作设置，最终效果如图 3－1－1 所示。

实现步骤

步骤	图示及详解
1．插入超链接	将第二张幻灯片文本框中的文字进行超链接，如公交公司超链接到第三张幻灯片，依次设置。

步骤	图示及详解
（1）插入文本超链接：选中文本并右击，在弹出的快捷菜单中选择“超链接”命令，如图3-3-1所示，弹出“插入超链接”对话框，选中“本文档中的位置”→“幻灯片标题”→“公司简介”命令，单击“确定”按钮，如图3-3-2所示，即可链接到对应的幻灯片上。	 图　3-3-1 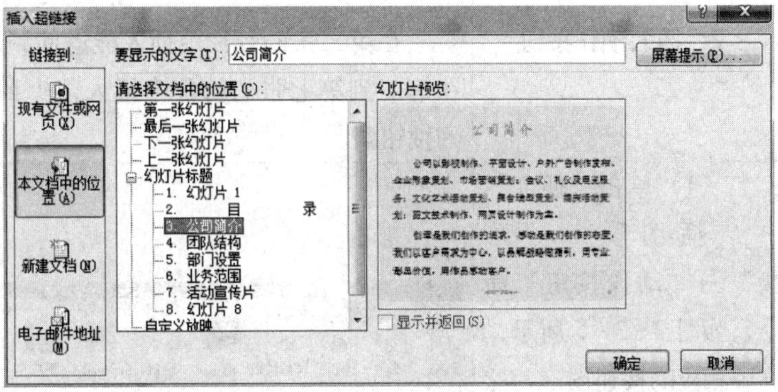 图　3-3-2
（2）超链接文本的格式可通过绘图工具“格式”选项卡设置。 插入形状文字超链接： ①用插入形状的方法绘制一个箭头，如图3-3-3所示，右击该形状，选择“编辑文字”命令。	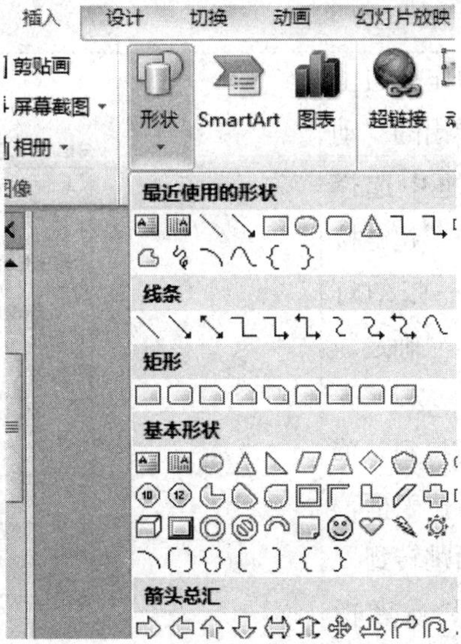 图　3-3-3

<table>
<tr><th>步骤</th><th>图示及详解</th></tr>
<tr><td>② 在图形中输入文字之后，选中图形并右击，在弹出的快捷菜单中选择“超链接”命令，如图 3-3-4 所示。</td><td>
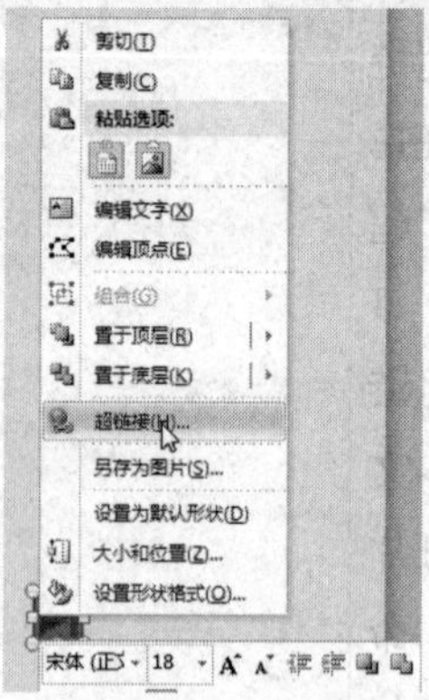

图 3-3-4</td></tr>
<tr><td>2. 插入动作按钮</td><td>在第二张幻灯片中插入能返回到最后一张幻灯片的按钮■，在第三到第七张幻灯片中插入能返回到第二张“目录”幻灯片的按钮■。</td></tr>
<tr><td>（1）单击“插入”→“插图”→“形状”→“动作按钮”命令，如图 3-3-5 所示，选中相应的按钮图形，然后在幻灯片相应的位置拖动鼠标即可插入动作按钮图标，同时弹出“动作设置”对话框。</td><td>
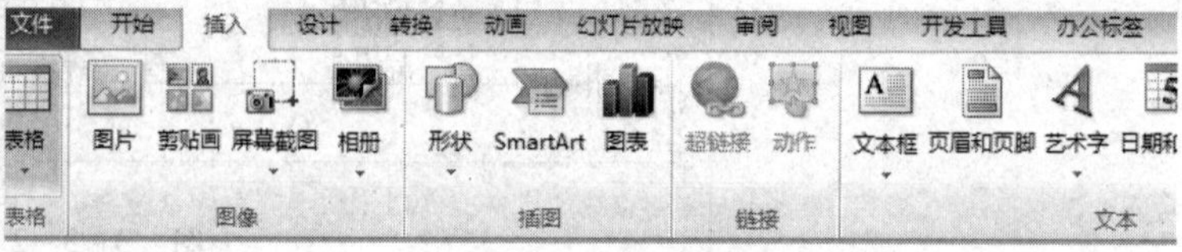

图 3-3-5</td></tr>
<tr><td>（2）在动作按钮上加超链接：在弹出的“动作设置”对话框中选择“单击鼠标”→“超链接到”→“最后一张幻灯片”命令，单击“确定”按钮。

选中“超链接到”单选按钮，单击下拉表框，可以选择将页面跳转到一个指定的页面，或者指定的文档，如图 3-3-6 所示。</td><td>
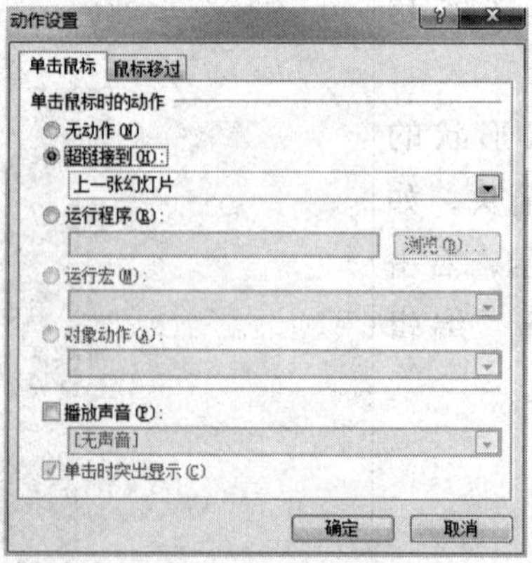

图 3-3-6</td></tr>
</table>

步骤	图示及详解
选择需要跳转的页面或者是文档页面；选中“运行程序”，可以在其下的文本框中输入相关的跳转地址URL进行跳转。 （3）在“绘图工具”栏的“格式”选项卡下，如图 3-3-7 所示，可设置动作按钮、图片、形状颜色、大小等。	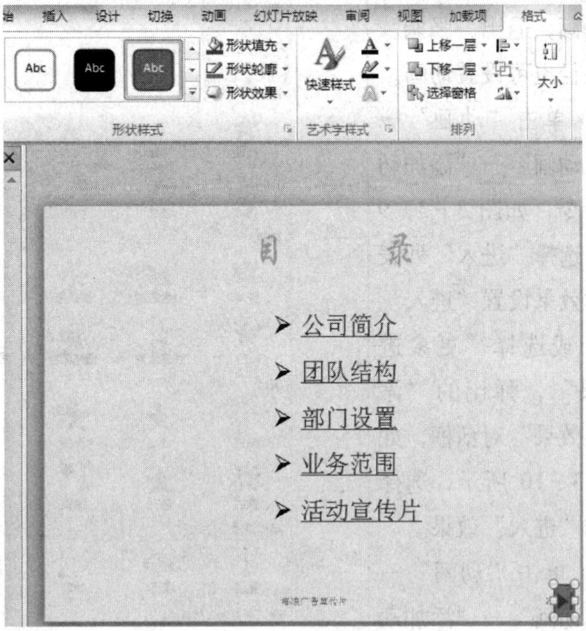 图　3-3-7
3．添加动画效果 演示文稿中的文本、图片、形状、表格、SmartArt图形和其他对象均可制作成动画。	所有幻灯片中的标题自定义动画类型设置为形状，第二张幻灯片的文本框动画类型设置为劈裂 、形状、轮子、翻转式由远及近。第四张幻灯片的文本框中每一行动画类型分别设置为擦除。图表为轮子，其他文字、表格等自由设置动画类型。
（1）切换到“动画”选项卡，在“动画”组中的动画效果里直接选择一种效果，如图 3-3-8 所示，这些都是自定义动画对象的“进入”动画形式。 （2）通过动画选项卡中的“高级动画”组还可设置持续时间，以及同一张幻灯片的各个动画排列次序。	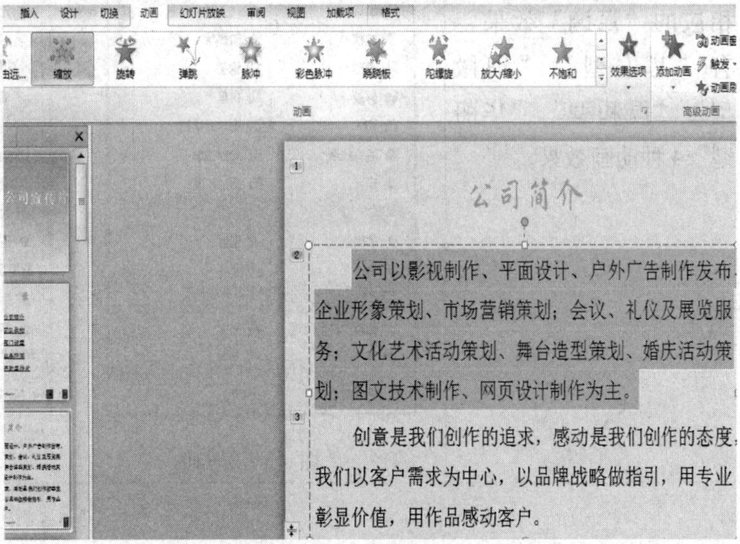 图　3-3-8

步骤	图示及详解

（3）除了进入可以设置动画，退出、强调、动作路径也可设置动画。

① 单击“动画”→“高级动画”→“添加动画”命令，如图 3－3－9 所示，选择“进入”列表框中的效果设置“进入”动画，或选择“更多进入效果”，弹出的“添加进入效果”对话框，如图 3－3－10 所示，选择相应的“进入”效果。

② 单击“动画”→“高级动画”→“添加动画”命令，选择“强调”列表框中的效果设置“强调”动画，或选择“更多强调效果”，弹出“添加强调效果”对话框，如图 3－3－11 所示，选择相应的“强调”效果，有“基本型”“细微型”“温和型”“华丽型”4 种动画效果。

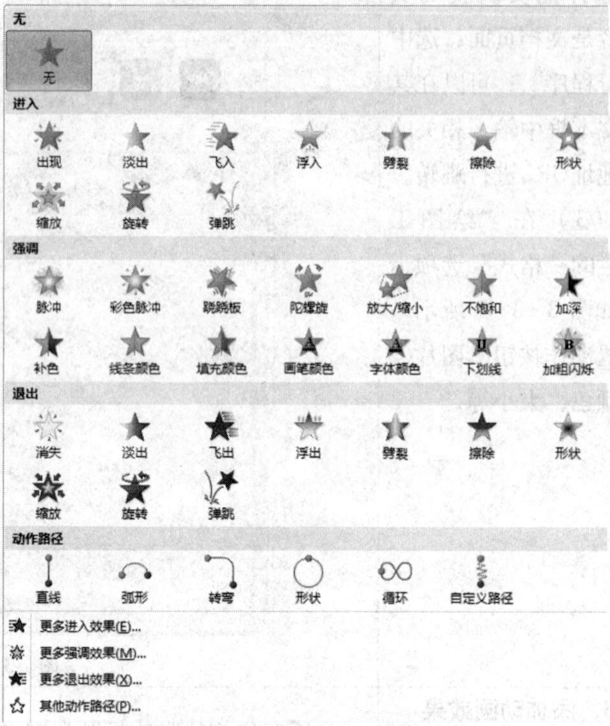

图 3－3－9

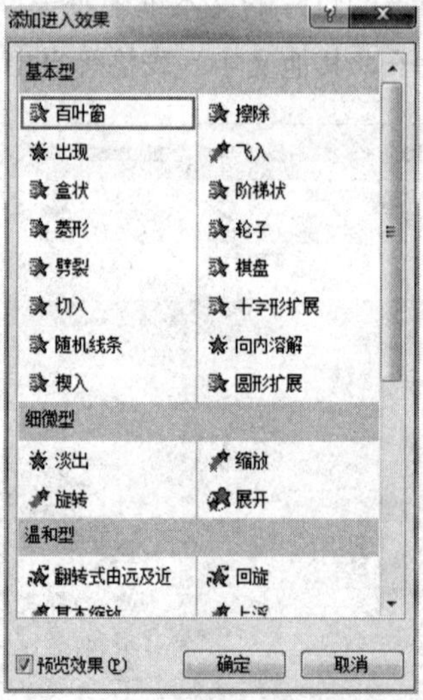

图 3－3－10

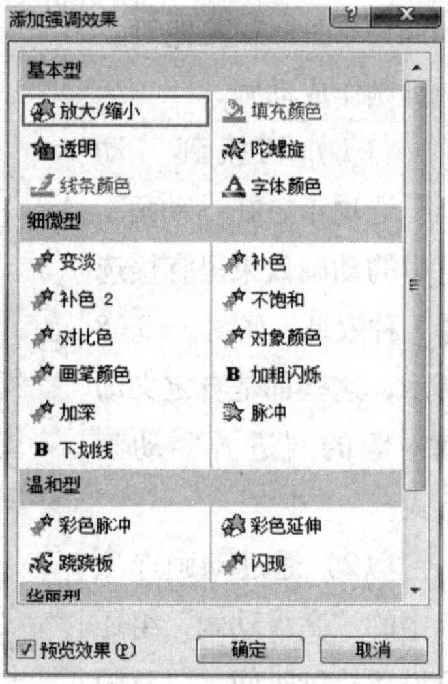

图 3－3－11

<table>
<tr><th>步骤</th><th>图示及详解</th></tr>
<tr><td>③ 单击“动画”→“高级动画”→“添加动画”命令，选择“退出”列表框中的效果设置“退出”效果，或选择“更多退出效果”弹出“退出效果”对话框，如图 3－3－12 所示，选择相应的“退出”效果，它是自定义对象退出时所表现的动画形式。
④ 单击“动画”→“高级动画”→“添加动画”→“其他动作路径”命令，弹出“添加动作路径”对话框，如图 3－3－13 所示，“动作路径”效果，是根据形状或者直线、曲线的路径来展示对象游走的路径，使用这些效果可以使对象上下移动、左右移动或者沿着星形或圆形图案移动。</td><td>
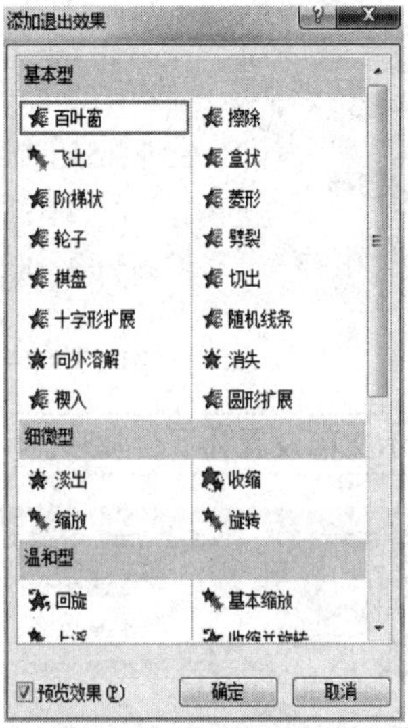

图 3－3－12
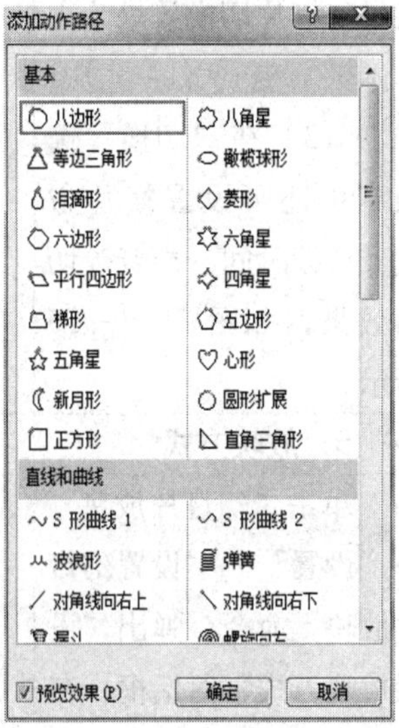

图 3－3－13</td></tr>
<tr><td>4. 添加切换效果</td><td>第一张幻灯片切换效果设置为“框”，第二到第六张幻灯片切换方式设置为“库”，第七、八两张幻灯片切换方式设置为“立方体”。</td></tr>
<tr><td>(1) 单击“切换”→切换到此幻灯片“库”→“全部应用”命令，如图 3－3－14 所示。可设置整个演示文稿幻灯片切换效果。</td><td>

图 3－3－14</td></tr>
</table>

步骤	图示及详解
（2）选中第一张幻灯片，单击“切换”→“切换到此幻灯片”→“框”命令，重复以上步骤分别设置第七、八张幻灯片切换效果为立方体。 （3）在“切换”选项卡中还可设置换片方式、持续时间、声音等切换效果，如图 3－3－15 所示。	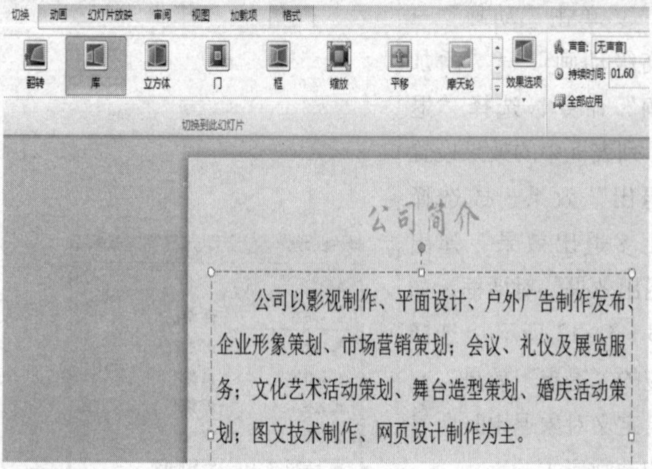 图　3－3－15
5．放映方式	将演示文稿设置为展台放映。
单击“幻灯片放映”→“设置”→“设置幻灯片放映”命令，弹出“设置放映方式”对话框，在“放映类型”选项区域中选择“在展台放映”，如图 3－3－16 所示。 在展台浏览是3种放映类型中最简单的方式，这种方式将自动全屏放映幻灯片，并且循环放映。在放映过程中，除了通过超链接或动作按钮来进行切换，其他的功能都不能使用，如果要停止放映，只能按【Esc】键来终止。	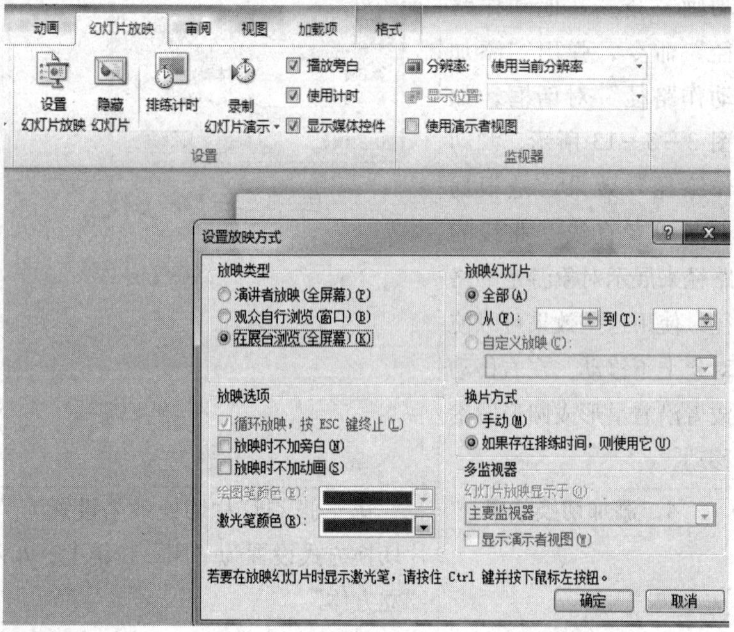 图　3－3－16

拓展提高

（1）设置自动循环播放。单击“幻灯片放映”→“设置”→“设置幻灯片放映”命令，弹出“设置放映方式”对话框，在“放映类型”选项区域中选择“演讲者放映”，在“放映选项”选项区域中选择“循环放映，按【Esc】键终止”，如图 3－3－17 所示。

“演讲者放映”是在放映过程中以全屏显示幻灯片。演讲者能控制幻灯片的放映、暂停演示文稿、添加会议细节、还可以录制旁白。

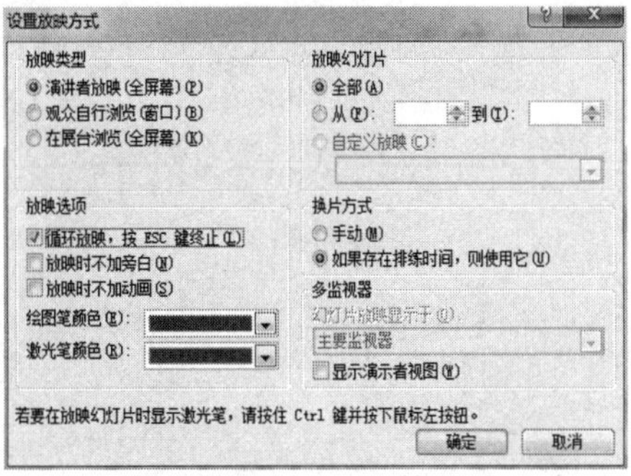

图　3－3－17

(2) 如果有多个对象需要设置相同的动画效果，可以使用“动画刷”，使用方法同Word中的“格式刷”；如图 3－3－18 所示。

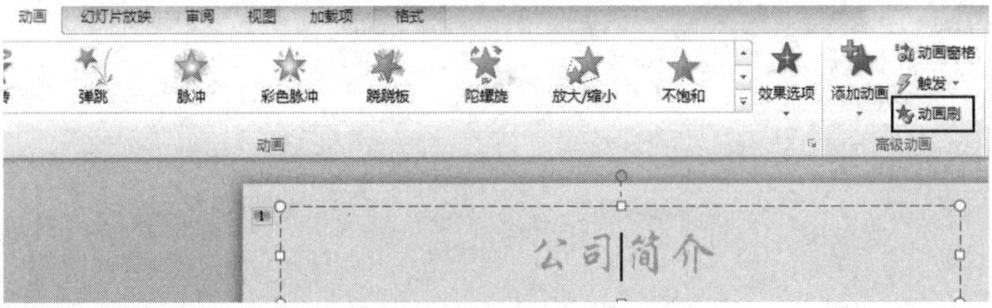

图　3－3－18

操作记录单

一、学习方法建议

观看微课→预操作练习→听课（老师讲解、示范、拓展）→再操作练习→完成操作记录单

二、操作记录

1.插入超链接　☐
2.插入动作按钮　☐
3.添加动画效果　☐
4.插入切换效果　☐
5.设置放映方式　☐

三、困惑与建议

项目实训

实训一 制作邀请函

实训描述

某高校学生会计划举办一场“大学生网络创业交流会”，拟邀请部分专家和老师为在校学生作演讲。因此，校学生会外联部需制作一批邀请函，并分别递送给相关的专家和老师。

实训要求

（1）调整文档版面，要求页面高度18厘米、宽度30厘米，页边距（上、下）为2厘米，页边距（左、右）为3厘米。

（2）将考生文件夹下的图片“背景图片.jpg”设置为邀请函背景。

（3）根据“Word-邀请函参考样式.docx”文件，调整邀请函中的内容文字的字体、字号和颜色。

（4）调整邀请函中内容文字的段落对齐方式。

（5）根据页面布局需要，调整邀请函中“大学生网络创业交流会”和”邀请函”两个段落的间距。

（6）在“尊敬的”和“（老师）”文字之间，插入拟邀请的专家和老师姓名，拟邀请的专家和老师姓名在考生文件夹下的“通讯录.xlsx”文件中。每页邀请函中只能包含1位专家或老师的姓名，所有的邀请函页面另外保存在一个名为”Word-邀请函.docx”文件中。

（7）邀请函文档制作完成后，保存“Word1.docx”文件。

实训步骤

（1）启动素材文件夹下的Word1.docx文件。根据题目要求，调整文档版面。单击页面布局选项卡下“页面设置”组中的对话框启动器按钮，弹出“页面设置”对话框，如图 4-1-1 所示。切换至“纸张”选项卡，在“高度”微调框中设置为“18 厘米”，“宽度”微调框中设置为“30 厘米”，单击“确定”按钮。

切换至“页边距”选项卡，如图 4-1-2 所示，在“上”微调框和“下”微调框中都设置为“2 厘米”，在“左”微调框和“右”微调框中都设置为“3 厘米”，设置完毕后单击“确定”按钮即可。

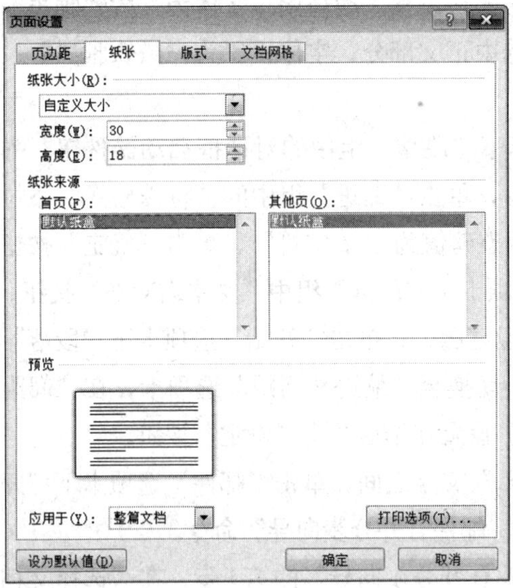

图 4-1-1

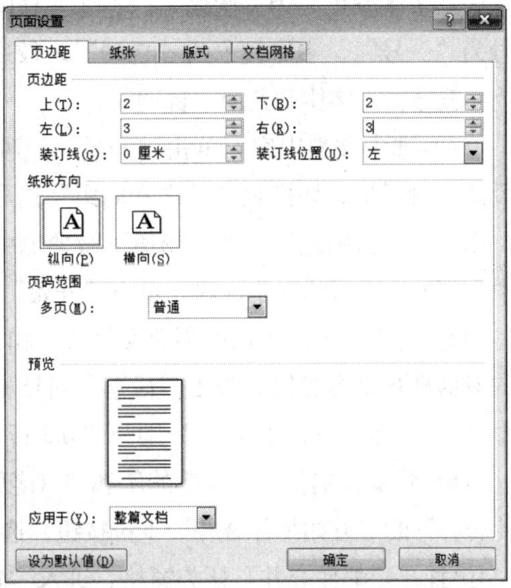

图 4-1-2

(2) 单击“页面布局”选项卡下“页面背景”组中的“页面颜色”下拉按钮，在弹出的下拉列表中选择“填充效果”，弹出“填充效果”对话框，如图 4-1-3 所示，切换至“图片”选项卡，单击“选择图片”按钮，弹出“选择图片”对话框，从目标文件夹下选择“背景图片.jpg”，单击“插入”按钮，返回到“填充效果”对话框，单击“确定”按钮即可，完成设置。

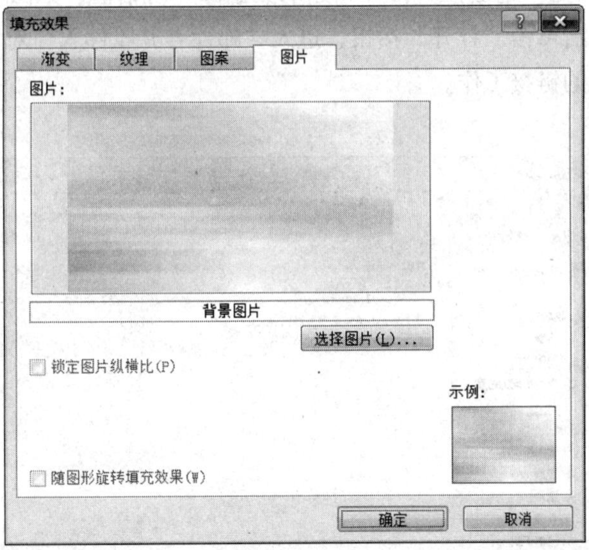

图 4-1-3

(3) 选中标题，单击“开始”选项卡下“段落”组中的“居中”按钮。再选中“大学生网络创业交流会”，单击“开始”选项卡下“字体”组中的对话框启动器按钮，弹出“字体”对话框，切换至“字体”选项卡，设置“中文字体”为“微软雅黑”，“字号”为“一号”，“字体颜色”为“蓝色”。按照同样的方式，设置“邀请函”字体为“微软雅黑”，字号为“一号”，字体颜色为“自动”。最后选中正文部分，字体设置为“微软雅黑”，字号为“五号”，字体颜色为“自动”。

（4）选中文档内容，单击“开始”选项卡下“段落”组中的对话框启动器按钮，弹出“段落”对话框，切换至“缩进和间距”选项卡，单击“缩进”组中的“特殊格式”下拉按钮，选择“首行缩进”，在“磅值”微调框中调整磅值为“ 2 字符”，单击“确定”按钮。选中文档最后两行的文字内容，单击“开始”选项卡下“段落”组中“文本右对齐”按钮。

（5）选中“大学生网络创业交流会”和“邀请函”，单击“开始”选项卡下“段落”组中的对话框启动器按钮，弹出“段落”对话框，切换至“缩进和间距”选项卡，在“间距”组中设置“段前”和“段后”分别为“ 0.5 行”。设置完毕后单击“确定”按钮。

（6）将鼠标定位在“尊敬的”和“（老师）”文字之间，单击“邮件”选项卡下“开始邮件合并”的“开始邮件合并”下拉按钮，选择“邮件合并分步向导”命令。

① 打开“邮件合并”任务窗格，进入“邮件合并分步向导”的第1步。在“选择文档类型”选项区域中选择一个希望创建的输出文档的类型，此处选择“信函”。

② 单击“下一步：正在启动文档”超链接，进入“邮件合并分步向导”的第 2 步，在“选择开始文档”选项区域中选中“使用当前文档”单选按钮，以当前文档作为邮件合并的主文档。

③ 接着单击“下一步：选取收件人”超链接，进入第3步，在“选择收件人”选项区域中选中“使用现有列表”单选按钮。

④ 然后单击“浏览”超链接，打开“选取数据源”对话框，如图 4－1－4 所示，选择“通讯录.xlsx”文件后单击“打开”按钮，进入“邮件合并收件人”对话框，单击“确定”按钮完成现有工作表的链接工作。

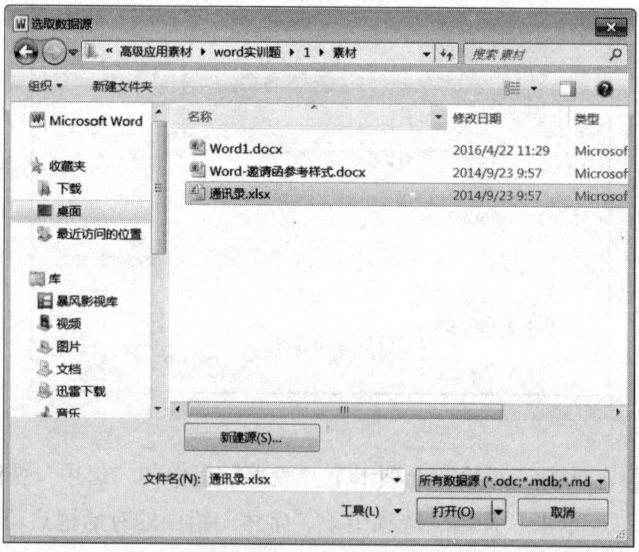

图 4－1－4

⑤ 选择了收件人的列表之后，单击“下一步：撰写信函”超链接，进入第4步。在“撰写信函”区域中选择“其他项目”超链接，打开“插入合并域”对话框，在“域”列表框中，按照题意选择“姓名”域，单击“插入”按钮。插入完所需的域后，单击“关闭”按钮，关闭“插入合并域”对话框。文档中的相应位置就会出现已插入的域标记。

⑥ 在“邮件合并”任务窗格中，单击“下一步：预览信函”超链接，进入第5步。在“预览信函”选项区域中，单击“<<”或“>>”按钮，可查看具有不同邀请人的姓名和称谓的信函。

⑦ 预览并处理输出文档后，单击“下一步：完成合并”超链接，进入“邮件合并分步向导”的最后一步。此处，选择“编辑单个信函”超链接，打开“合并到新文档”对话框，在“合并记录”选项区域中，选中“全部”单选按钮。

⑧ 设置完成后单击“确定”按钮，即可在文中看到每页邀请函中只包含1位专家或老师的姓名，单击“文件”选项卡下的“另存为”按钮保存文件名为“Word-邀请函.docx”。

（7）单击“保存”按钮，保存文件名为“Word1.docx”。

实训二　制作宣传海报

实训描述

某高校为了使学生更好地进行职场定位和职业准备，提高就业能力，该校学工处将于2016年4月29日（星期五）19:30～21:30在校国际会议中心举办题为“领慧讲堂——大学生人生规划”就业讲座，特别邀请资深媒体人、著名艺术评论家赵蕈先生担任演讲嘉宾。

实训要求

（1）调整文档版面，要求页面高度35厘米，页面宽度27厘米，页边距（上、下）为5厘米，页边距（左、右）为3厘米，并将考生文件夹下的图片“Word-海报背景图片.jpg”设置为海报背景。

（2）根据“Word-海报参考样式.docx”文件，调整海报内容文字的字号、字体和颜色。

（3）根据页面布局需要，调整海报内容中“报告题目”→“报告人”→“报告日期”→“报告时间”→“报告地点”信息的段落间距。

（4）在“报告人：”位置后面输入报告人姓名（赵蕈）。

（5）在“主办：校学工处”位置后另起一页，并设置第2页的页面纸张大小为A4篇幅，纸张方向设置为“横向”，页边距为“普通”页边距定义。

（6）在新页面的“日程安排”段落下面，复制本次活动的日程安排表（请参考“Word-活动日程安排.xlsx”文件），要求表格内容引用Excel文件中的内容，如若Excel文件中的内容发生变化，Word文档中的日程安排信息随之发生变化。

（7）在新页面的“报名流程”段落下面，利用 SmartArt 图形，制作本次活动的报名流程（学工处报名、确认坐席、领取资料、领取门票）。

（8）设置“报告人介绍”段落下面的文字排版布局为参考示例文件中所示的样式。

（9）更换报告人照片为考生文件夹下的“Pic 2.jpg”照片，将该照片调整到适当位置，并不要遮挡文档中的文字内容。

（10）保存本次活动的宣传海报设计为“Word2.docx”。

实训步骤

（1）启动素材文件夹下的“Word2.docx”。单击“页面布局”选项卡下“页面设置”组中的对话框启动器按钮，打开“页面设置”对话框，在“纸张”选项卡下设置高度和宽度。此处分别在“高度”和“宽度”微调框中设置“ 35 厘米”和“ 27 厘米”。在“页边距”选项卡中的“上”和“下”微调框中都设置为“ 5 厘米”，在“左”和“右”微调框都设置为“ 3 厘米”，然后单击“确定”按钮。

单击“页面布局”选项卡下“页面背景”组中的“页面颜色”下拉按钮，在弹出的的下拉列表中选择“填充效果”，弹出“填充效果”对话框，切换至“图片”选项卡，单击“选择图片”按钮，打开“选择图片”对话框，从目标文件中选择“Word-海报背景图片.jpg”，单击“确定”按钮。

（2）根据“Word-最终参海报考样式.docx”文件，选中标题“领慧讲堂——大学生人生规划”，单击“开始”选项卡下“字体”组中的“字体”下拉列表，选择“微软雅黑”，在“字号”下拉列表中选择“ 48 ”号，在“字体颜色”下拉列表中选择“红色”，单击“段落”组中的“居中”按钮使其居中。按同样的方式设置正文部分的字体，这里把正文部分设置为“黑体”“ 28 ”号，字体颜色为“深蓝”和“白色，文字1”。“欢迎大家踊跃参加！”设置为“华文行楷”“48”号，“白色，文字1”。

（3）选中“报告题目”“报告人”“报告日期”“报告时间”“报告地点”等正文所在的段落信息，单击“开始”选项卡下“段落”组中的对话框启动器按钮，弹出“段落”对话框。在“缩进和间距”选项卡下的“间距”选项中，单击“行距”下拉列表，选择“1.5倍行距”，“段前”和“段后”设置“1行”；选择“特殊格式”下拉列表框中的“首行缩进”选项，并在右侧对应的“磅值”微调列表框中选择“ 3 字符”。

选中“欢迎大家踊跃参加”字样，单击“开始”选项卡下“段落”组中“居中”按钮，使其居中显示。按照同样的方式设置“主办：校学工处”为右对齐。

（4）在“报告人：”位置后面输入报告人“赵蕈”。

（5）将鼠标置于“主办：校学工处”位置后面，单击“页面布局”选项卡下“页面设置”组中的“分隔符”下拉按钮，选择“分节符”中的“下一页”，即可另起一页。

选择第 2 页，单击“页面布局”选项卡下“页面设置”组中的对话框启动器按钮，弹出“页面设置”对话框。切换至“纸张”选项卡，在“纸张大小”下拉列表框中选择“A4”。

切换至“页边距”选项卡，选择“纸张方向”选项区域的“横向”选项。

单击“页面设置”组中的“页边距”下拉按钮，在弹出的下拉列表中选择“普通”选项。

（6）打开“Word-活动日程安排.xlsx”，选中表格中的所有内容，按【Ctrl+C】键，复制所选内容。切换到“Word2.docx”文件中，将光标至于“日程安排：”后，按【Enter】键另起一行，单击“开始”选项卡下“剪贴板”组中的“粘贴”下拉按钮，在弹出的下拉列表中选择“选择性粘贴”，弹出“选择性粘贴”对话框，如图 4－2－1 所示，选择“粘贴链接”，在“形式”下拉列表框中选择“Microsoft Excel 工作表对象”，单击“确定”按钮。若更改“Word-活动日程安排.xlsx”文字单元格的内容，则Word文档中的信息也同步更新。

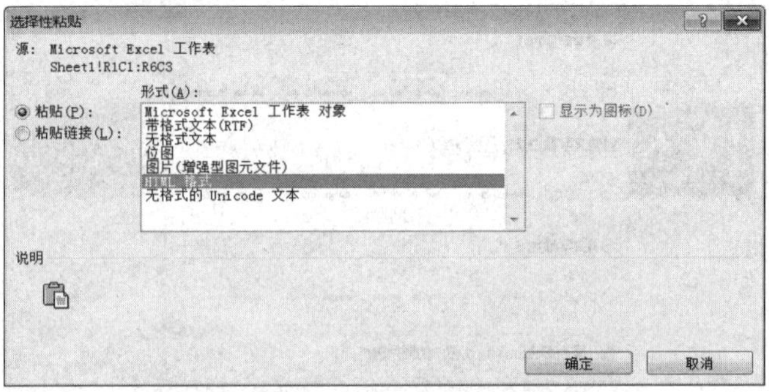

图 4－2－1

（7）将光标置于“报名流程”字样后，按【Enter】键另起一行。单击“插入”选项卡下“插图”组中的“SmartArt”按钮，弹出“选择 SmartArt 图形”对话框，选择“流程”中的“基本流程”，如图4－2－2所示。

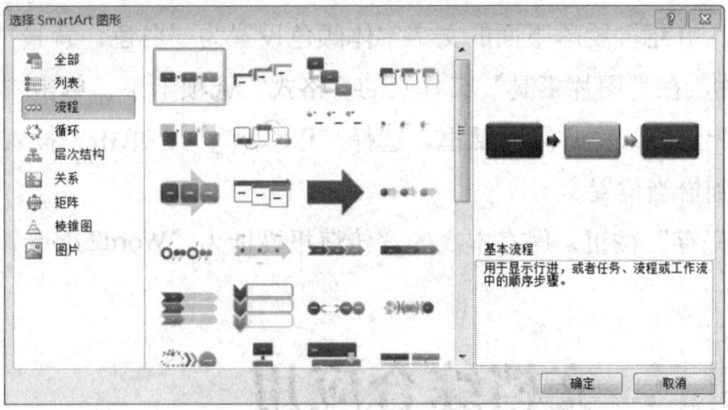

图 4－2－2

单击“确定”按钮后，选中圆角矩形，然后单击“SmartArt”工具栏“设计”选项卡下“创建图形”组中的“添加形状”下拉按钮，在弹出的下拉列表中选择“在后面添加形状”，设置完毕后，即可得到与参考样式相匹配的图形。在文本中输入相应的流程名称。

选中 SmartArt 图形，单击“SmartArt工具”栏下“设计”组中的“更改颜色”下拉按钮，在弹出的下拉列表中，选择“彩色”中的“彩色-强调文字颜色”，如图 4－2－3 所示。

在“SmartArt样式”列表中选择“强烈效果”，即可完成报名流程的设置。

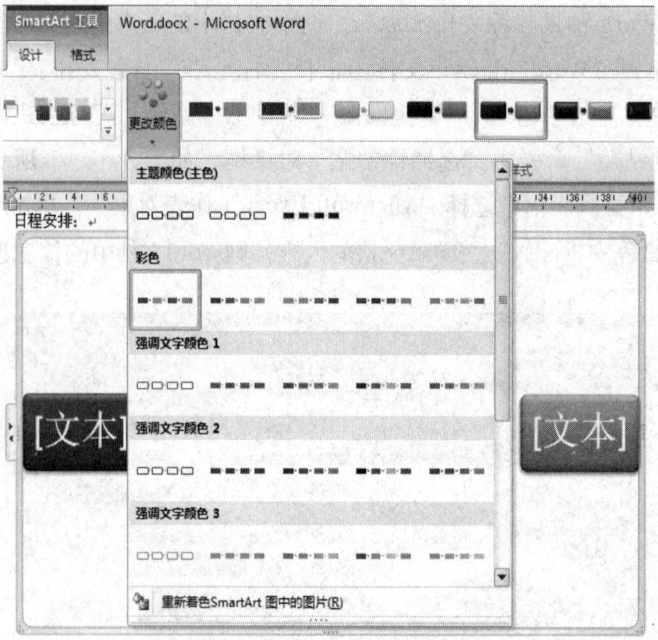

图 4-2-3

(8) 选中“赵”，单击“插入”选项卡下“文本”组中“首字下沉”按钮，在弹出的下拉列表中选择“首字下沉”选项，弹出“首字下沉”对话框，在“位置”选项区域中选择“下沉”，单击“选项”组中的“字体”下拉列表框，选择“+中文正文”选项，“下沉行数”微调框设置为“3”，单击“确定”按钮。

同样将“报告人介绍”段落下面的文字字体颜色设置为“白色，背景1”。

(9) 选中图片，在“图片工具”工具栏的“格式”选项卡下，单击“调整”组中的“更改图片”按钮，弹出“插入图片”对话框，选择“Pic 2.jpg”，单击“插入”按钮，实现图片的更改，拖动图片到恰当位置。

(10) 单击“保存”按钮，保存本次的宣传海报设计为“Word2.docx”文件。

实训三 文档综合应用

实训描述

中国互联网信息中心发布了《第31次中国互联网发展状况统计报告》，请将文档内容进行修饰与美化。

实训要求

（1）设置页边距上下左右各2.7厘米，装订线在左侧；设置文字水印页面背景，文字为“中国互联网信息中心”，水印版式为斜式。

（2）设置第一段落文字“中国网民规模达5.64亿”为标题；设置第二段落文字“互联网普及率为42.1%”为副标题；改变段间距和行间距（间距单位为行），使用“独特”样式修饰页面；在页面顶端插入“边线型提要栏”文本框，将第三段文字“中国经济网北京1月15日讯 中国互联网信息中心今日发布《第31展状况统计报告》。”移入文本框内，设置字体、字号、颜色等；在该文本的最前面插入类别为“文档信息”、名称为“新闻提要”域。

（3）设置第四至第六段文字，要求首行缩进2个字符。将第四至第六段的段首“《报告》显示”和“《报告》表示”设置为斜体、加粗、红色、双下划线。

（4）将文档“附：统计数据”后面的内容转换成2列9行的表格，为表格设置样式；将表格的数据转换成簇状柱形图，插入到文档中“附：统计数据”的前面，保存文档。

实训步骤

（1）启动素材文件夹下的“Word3.docx”。单击“页面布局”选项卡下“页面设置”组中的对话框启动器按钮，打开“页面设置”对话框，在“页边距”选项卡中，根据题目要求将“页边距”选项中的“上”“下”“左”“右”微调框均设为“2.7”厘米，单击“装订线位置”下拉列表框，从弹出的下拉列表框中选择“左”，然后单击“确定”按钮。

按题目要求设置文字水印。在“页面布局”选项卡下的“页面背景”组中，单击“水印”下拉按钮，从弹出的下拉列表中选择“自定义水印”命令，弹出“水印”对话框，如图4-3-1所示，选中“文字水印”单选按钮，在“文字”文本框中输入“中国互联网信息中心”，选中“版式”中的“斜式”单选按钮，然后单击“确定”按钮。

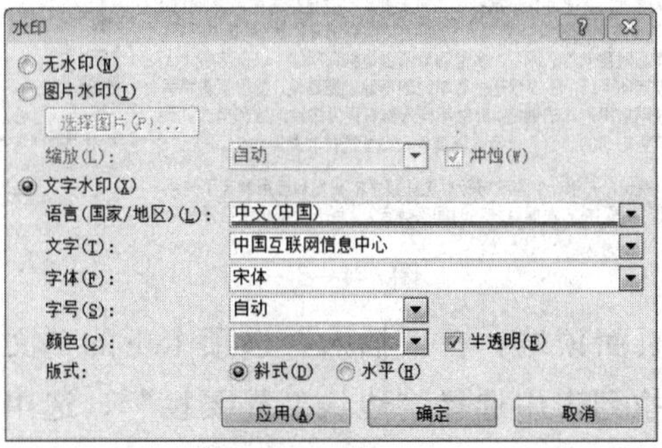

图 4-3-1

（2）选中第一段文字“中国网民规模达5.64亿”，单击“开始”选项卡下“样式”组中的“标题”按钮，如图4-3-2所示。选中第二段文字“互联网普及率为42.1%”，单击“开始”选项卡下“样式”组中的“副标题”按钮。

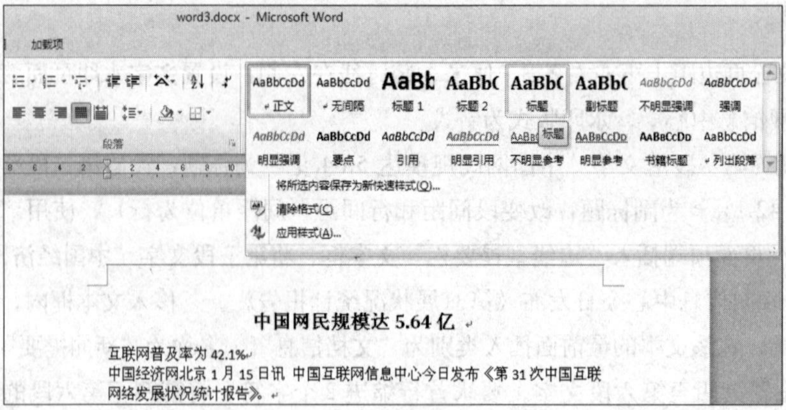

图 4－3－2

拖动鼠标选中全文（或按【Ctrl+A】），单击“开始”选项卡下“段落”组中的对话框启动器按钮，打开“段落”对话框。按题目要求改变段间距和行间距，在“缩进和间距”选项卡中，在“间距”下设置“段前”和“段后”都为“ 0.5 行”，选择“行距”为“ 1.5 倍行距”，单击“确定”按钮。

在“开始”选项卡下的“样式”组中，单击“更改样式”下拉按钮，从弹出的下拉列表中选择“样式集”，在打开的级联菜单中选择"独特"，如图 4－3－3 所示。

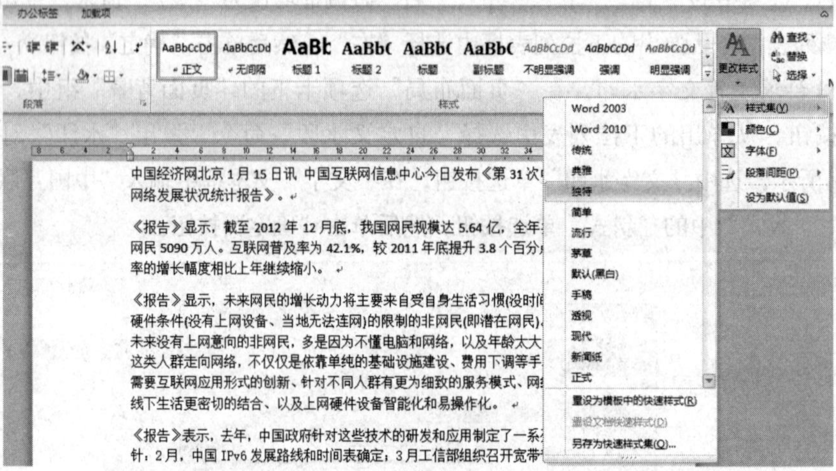

图 4－3－3

将鼠标光标定位到页面顶端，在“插入”选项卡下的“文本”组中，单击“文本框”按钮，从弹出的下拉列表中选择“边线型提要栏”，选中第三段文字剪切并粘贴到文本框内。

选中文本框内的文字，单击“开始”选项卡下“字体”组中的对话框启动器按钮，弹出“字体”对话框，此处设置“中文字体”为“黑体”，“字号”为“小四”，单击“字体颜色”下拉按钮，从弹出的下拉列表中选择“标准色”下的“红色”，单击“确定”按钮。

将鼠标光标定位到上述文本的最前面，在“插入”选项卡下的“文本”组中，单击“文档部件”按钮，从弹出的下拉列表中选择“域”，弹出“域”对话框，如图4-3-4所示，选择“类别”为“文档信息”，在“新名称”文本框中输入“新闻提要：”，单击“确定”按钮。

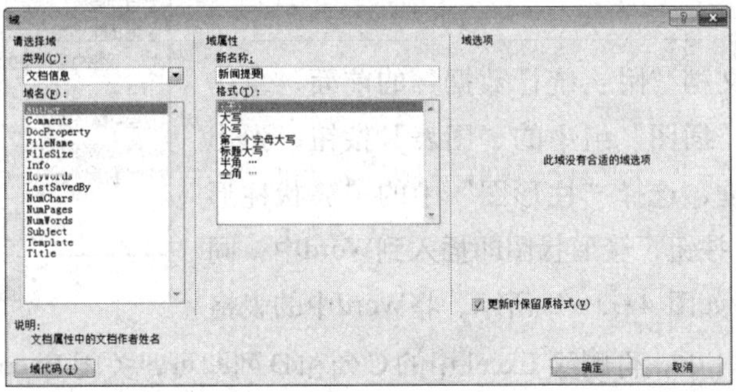

图 4-3-4

（3）选中第四至第六段文字，单击“开始”选项卡下“段落”组中的对话框启动器按钮，弹出“段落”对话框，在“缩进和间距”选项卡下设置“特殊格式”为“首行缩进”，“磅值”为“2字符”，单击“确定”按钮。

选中第四段中的“《报告》显示”，按住【Ctrl】键不放，同时选中第五段中的“《报告》显示”和第六段中的“《报告》表示”，在“开始”选项卡下的“字体”组中，分别单击“加粗”按钮和“倾斜”按钮，单击“下划线”下拉按钮，从弹出的下拉列表中选择“双下划线”，单击“字体颜色”下拉按钮，从弹出的下拉列表中选择“标准色”下的“红色”。

（4）选中文档“附：统计数据”下面的9行内容，在“插入”选项卡下的“表格”组中，单击“表格”下拉按钮，从弹出的下拉列表中选择“文本转换成表格”命令，如图4-3-5所示，弹出“将文字转换成表格”对话框，如图4-3-6所示，单击“确定”按钮。

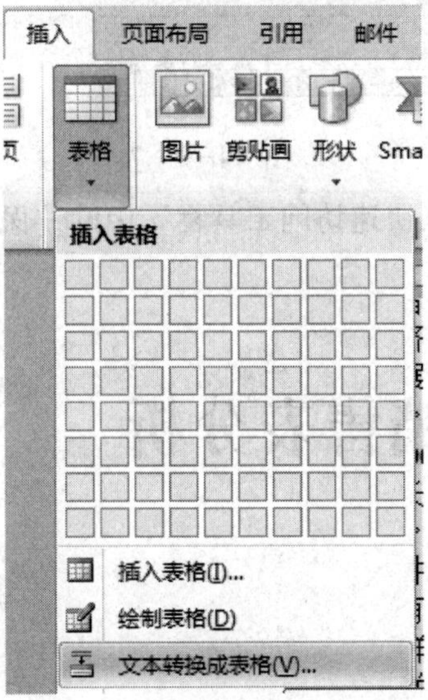

图 4-3-5

（5）按题目要求为表格设置样式。选中整个表格，在“表格工具”栏中“设计”选项卡下的“表格样式”组中选择一种样式，此处选择“浅色底纹-强调文字颜色2”。

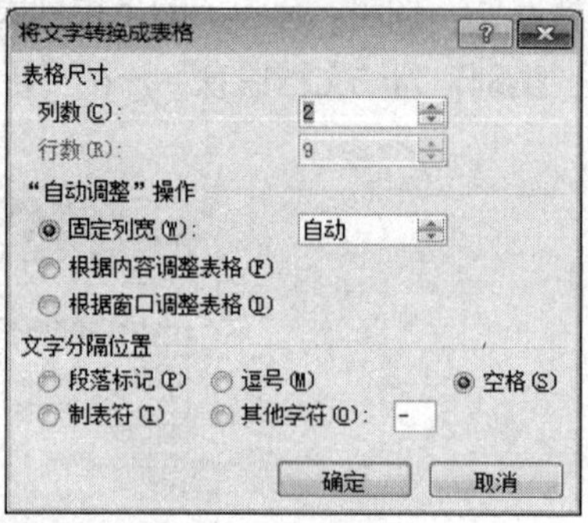

图 4-3-6

将光标定位到文档“附：统计数据”的前面，单击“插入”选项卡下“插图”组中的“图表”按钮，弹出“插入图表”对话框，选择“柱形图”中的“簇状柱形图”，单击“确定”按钮，簇形状图即插入到Word中，同时弹出 Excel 表格，如图 4－3－7 所示。将Word中的表格数据复制粘贴到 Excel 中，再删除 Excel 中的C 列和D 列即可，关闭 Excel 文件。

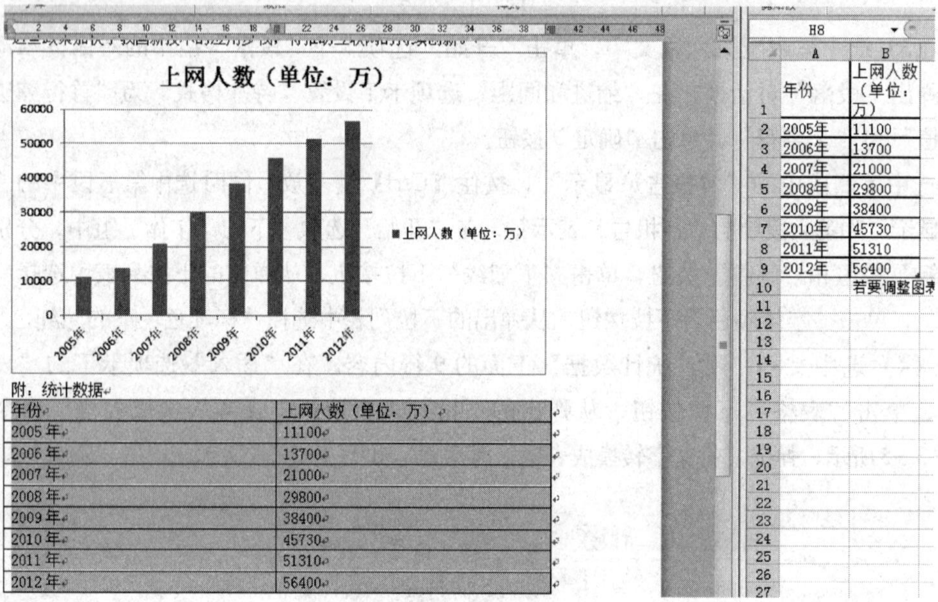

图 4－3－7

单击Word左上角“自定义快速访问工具栏”中的“保存”按钮，保存文档“Word3.docx”。

实训四 销售表分析

实训描述

××出版社需要对已有图书进行销售统计分析，需要帮忙完成以下统计和分析工作。

实训要求

（1）对销售数据报表“销售情况表.xlsx”的“订单明细表”工作表进行格式调整，通过套用表格格式的方法将所有的销售记录调整为一致的外观格式，并将“单价”列和“销售额”列所包含的单元格调整为“会计专用”（人民币）数字格式。

（2）根据图书编号，请在“订单明细表”工作表的“图书名称”列中，使用“VLOOKUP函数”完成图书名称的自动填充。“图书名称”和“图书编号”的对应关系在“编号对照”工作表中。

（3）根据图书编号，请在“订单明细表”工作表的“单价”列中，使用“VLOOKUP函数”完成图书单价的自动填充。“单价”和“图书编号”的对应关系在“编号对照”工作表中。

（4）在“订单明细表”工作表的“销售额”列中，计算每笔订单的销售额。

（5）为工作表“订单明细表”中的销售数据创建一个数据透视表，放置在一个名为“数据透视分析”的新工作表中，要求针对各书店比较各类书每天的销售总额。其中，书店名称为列标签，日期和图书名称为行标签，并对销售额求和，并在该透视表下方区域内插入一个饼图，显示各书店每天销售的分布情况。

（6）保存“销售明细表.xlsx”文件。

实训步骤

（1）打开“销售情况表.xlsx”。

① 选中“订单明细表”中的A2：H51单元格区域，单击“开始”选项卡下“样式”组中的“套用表格格式”下拉按钮，在弹出的下拉列表中选择一种表样式，此处选择“表样式中等颜色7”，弹出“套用表格式”对话框，保留默认设置后单击“确定”按钮即可。

② 选中“单价”列和“销售额”列，右击，在弹出的快键菜单中选择“设置单元格格式”，弹出“设置单元格格式”对话框，切换到“数字”选项卡，在“分类”组中选择“会计专用”，在右边的“货币符号（国家/地区”）下拉列表中选择“CNY”，如图4－4－1所示。

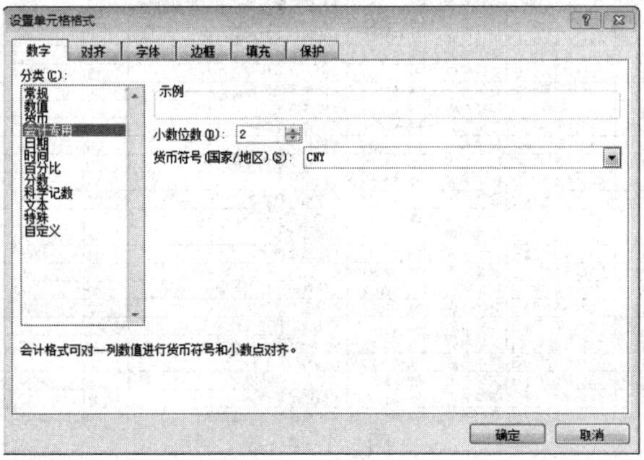

图 4－4－1

（2）选中“订单明细表”中的单元格 E3，单击“公式”选项卡下“函数库”组中的“插入函数”按钮，打开“插入函数”对话框，在“或选择类别”下拉列表中选择“常用函数”或“全部”，在选择函数下拉列表中选择“VLOOKUP”，单击“确定”按钮，弹出“函数参数”对话框，进行参数设置，单击“确定”按钮，完成图书名称的自动填充，如图 4-4-2 所示。

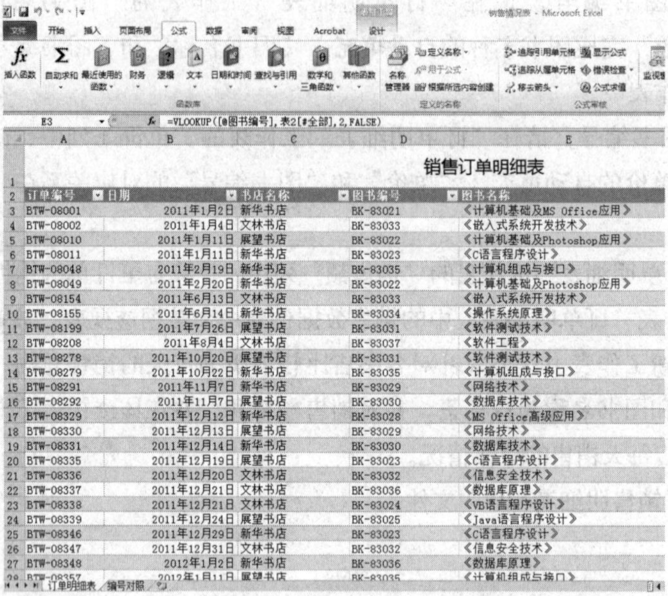

销售订单明细表

订单编号	日期	书店名称	图书编号	图书名称
BTW-08001	2011年1月2日	新华书店	BK-83021	《计算机基础及MS Office应用》
BTW-08002	2011年1月4日	文林书店	BK-83033	《嵌入式系统开发技术》
BTW-08010	2011年1月11日	展望书店	BK-83022	《计算机基础及Photoshop应用》
BTW-08011	2011年1月11日	新华书店	BK-83023	《C语言程序设计》
BTW-08048	2011年2月19日	新华书店	BK-83035	《计算机组成与接口》
BTW-08049	2011年2月20日	新华书店	BK-83022	《计算机基础及Photoshop应用》
BTW-08154	2011年6月13日	文林书店	BK-83033	《嵌入式系统开发技术》
BTW-08155	2011年6月14日	新华书店	BK-83034	《操作系统原理》
BTW-08199	2011年7月26日	展望书店	BK-83031	《软件测试技术》
BTW-08208	2011年8月4日	文林书店	BK-83037	《软件工程》
BTW-08278	2011年10月20日	展望书店	BK-83031	《软件测试技术》
BTW-08279	2011年10月22日	新华书店	BK-83035	《计算机组成与接口》
BTW-08291	2011年11月7日	新华书店	BK-83029	《网络技术》
BTW-08292	2011年11月7日	展望书店	BK-83030	《数据库技术》
BTW-08329	2011年12月12日	新华书店	BK-83028	《MS Office高级应用》
BTW-08330	2011年12月13日	展望书店	BK-83029	《网络技术》
BTW-08331	2011年12月14日	新华书店	BK-83030	《数据库技术》
BTW-08335	2011年12月19日	展望书店	BK-83023	《C语言程序设计》
BTW-08336	2011年12月20日	文林书店	BK-83032	《信息安全技术》
BTW-08337	2011年12月21日	文林书店	BK-83036	《数据库原理》
BTW-08338	2011年12月21日	文林书店	BK-83024	《VB语言程序设计》
BTW-08339	2011年12月24日	展望书店	BK-83025	《Java语言程序设计》
BTW-08346	2011年12月29日	新华书店	BK-83023	《C语言程序设计》
BTW-08347	2011年12月31日	文林书店	BK-83032	《信息安全技术》
BTW-08348	2012年1月2日	新华书店	BK-83036	《数据库原理》
BTW-08357	2012年1月11日	展望书店	BK-83035	《计算机组成与接口》

图 4-4-2

（3）同理完成“单价”的自动填充。

（4）选中“订单明细表”中的 H3 单元格，输入公示“=[@单价]*[@销量（本）]”，按【Enter】键完成销售额的自动填充，如图 4-4-3 所示。

销售订单明细表

订单编号	日期	书店名称	图书编号	图书名称	单价	销量（本）	销售额
BTW-08001	2011年1月2日	新华书店	BK-83021	《计算机基础及MS Office应用》	36	12	432
BTW-08002	2011年1月4日	文林书店	BK-83033	《嵌入式系统开发技术》	44	5	220
BTW-08010	2011年1月4日	展望书店	BK-83022	《计算机基础及Photoshop应用》	34	22	748
BTW-08011	2011年1月10日	新华书店	BK-83023	《C语言程序设计》	42	31	1302
BTW-08048	2011年1月11日	新华书店	BK-83035	《计算机组成与接口》	40	36	1440
BTW-08049	2011年1月11日	新华书店	BK-83022	《计算机基础及Photoshop应用》	34	37	1258
BTW-08154	2011年1月26日	文林书店	BK-83033	《嵌入式系统开发技术》	44	18	792
BTW-08155	2011年1月26日	新华书店	BK-83034	《操作系统原理》	39	5	195
BTW-08199	2011年1月29日	展望书店	BK-83031	《软件测试技术》	36	32	1152
BTW-08208	2011年2月5日	文林书店	BK-83037	《软件工程》	43	27	1161
BTW-08278	2011年2月6日	展望书店	BK-83031	《软件测试技术》	36	42	1512
BTW-08279	2011年2月7日	新华书店	BK-83035	《计算机组成与接口》	40	40	1600
BTW-08291	2011年2月14日	新华书店	BK-83029	《网络技术》	43	29	1247
BTW-08292	2011年2月14日	展望书店	BK-83030	《数据库技术》	41	49	2009
BTW-08329	2011年2月15日	新华书店	BK-83028	《MS Office高级应用》	39	40	1560
BTW-08330	2011年2月22日	展望书店	BK-83029	《网络技术》	43	24	1032
BTW-08331	2011年2月23日	新华书店	BK-83030	《数据库技术》	41	48	1968
BTW-08335	2011年2月27日	展望书店	BK-83023	《C语言程序设计》	42	35	1470
BTW-08336	2011年3月7日	文林书店	BK-83032	《信息安全技术》	39	16	624
BTW-08337	2011年3月8日	文林书店	BK-83036	《数据库原理》	37	41	1517
BTW-08338	2011年3月9日	文林书店	BK-83024	《VB语言程序设计》	38	16	608
BTW-08339	2011年3月10日	展望书店	BK-83025	《Java语言程序设计》	39	23	897
BTW-08346	2011年3月20日	新华书店	BK-83023	《C语言程序设计》	42	1	42
BTW-08347	2011年3月21日	文林书店	BK-83032	《信息安全技术》	39	44	1716
BTW-08348	2011年3月21日	新华书店	BK-83036	《数据库原理》	37	11	407
BTW-08357	2011年3月22日	展望书店	BK-83035	《计算机组成与接口》	40	47	1880

图 4-4-3

（5）新建一张工作表sheet1，并重命名为“数据透视分析”。

① 选中“数据透视分析”表中的A1单元格，单击“插入”选项卡下“表格”组中的“数据透视表”下拉按钮，在弹出的下拉列表中选择“数据透视表”，打开“创建数据透视表”对话框，如图 4-4-4 所示。

Excel 会将空的数据透视表添加到指定的位置，并在右侧显示“数据透视表字段列表”窗格，如图 4-4-5 所示。

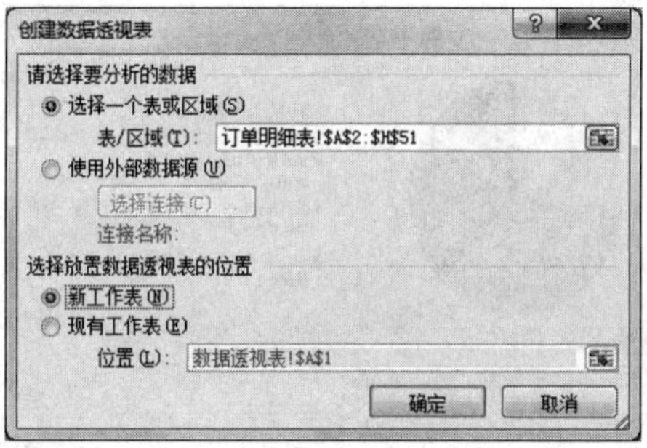

图 4-4-4

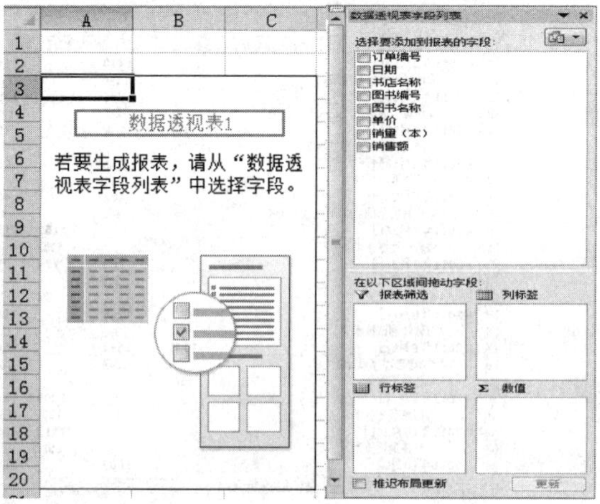

图 4-4-5

② 根据题目要求，选择要添加到报表的字段。将“书店名称”拖动至“列标签”，“日期”和“图书名称”拖动至“行标签”，“销售额”拖动至“Σ数值”中求和。拖动后的效果如图 4-4-6 所示。

求和项:销售额	列标签			
行标签	文林书店	新华书店	展望书店	总计
2011年1月2日		432		432
《计算机基础及MS Office应用》		432		432
2011年1月4日	220		748	968
《计算机基础及Photoshop应用》			748	748
《嵌入式系统开发技术》	220			220
2011年1月10日		1302		1302
《C语言程序设计》		1302		1302
2011年1月11日		2698		2698
《计算机基础及Photoshop应用》		1258		1258
《计算机组成与接口》		1440		1440
2011年1月26日	792	195		987
《操作系统原理》		195		195
《嵌入式系统开发技术》	792			792
2011年1月29日			1152	1152
《软件测试技术》			1152	1152
2011年2月5日	1161			1161
《软件工程》	1161			1161
2011年2月6日			1512	1512
《软件测试技术》			1512	1512
2011年2月7日		1600		1600
《计算机组成与接口》		1600		1600
2011年2月14日		1247	2009	3256
《数据库技术》			2009	2009
《网络技术》		1247		1247
2011年2月15日		1560		1560
《MS Office高级应用》		1560		1560
2011年2月22日			1032	1032
《网络技术》			1032	1032
2011年2月23日		1968		1968
《数据库技术》		1968		1968
2011年2月27日			1470	1470

图 4-4-6

③ 单击数据透视表区域中的任意单元格，然后单击“数据透视表工具”栏的“选项”选项下“工具”组中的“数据透视图”按钮，打开“插入图表”对话框。根据题目要求，选择“饼图”，单击“确定”按钮，得到效果图如图 4－4－7 所示。

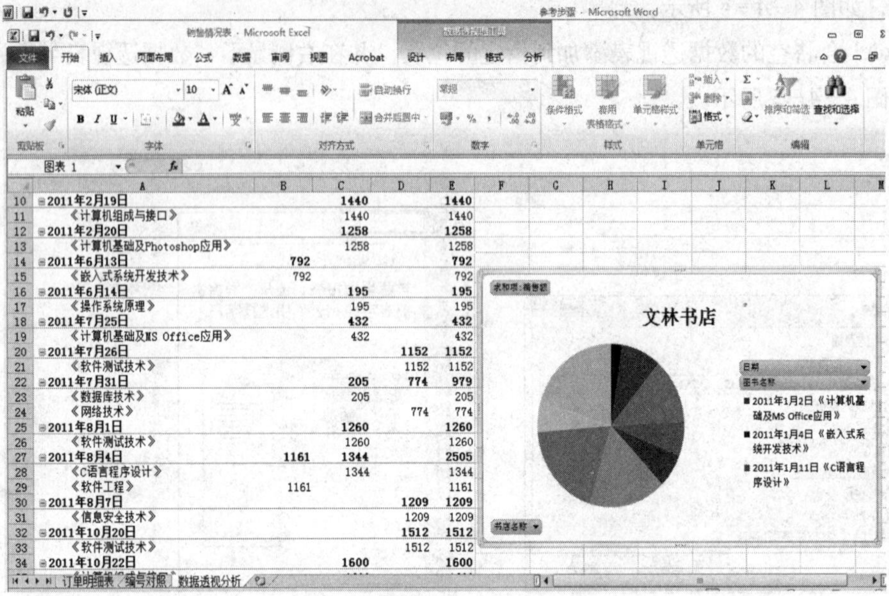

图　4－4－7

(6) 单击“保存”按钮，保存“销售情况表.xlsx”文件。

实训五　学生成绩单分析

实训描述

又到了一学期末，老师需要对该成绩单进行整理和分析，以便于更好地了解整个班级和每个学生的学习情况，请根据下列要求帮助老师对该成绩单进行整理和分析。

实训要求

(1) 打开文件名为“学生成绩单.xlsx”的Excel工作表，对工作表“第一学期期末成绩”中的数据列表进行格式化操作：将第一列“学号”列设为文本，将所有成绩列设为整数数值；适当加大行高列宽，改变字体、字号，设置对齐方式，增加适当的边框和底纹以使工作表更加美观。

(2) 利用“条件格式”功能进行下列设置：将各科中不及格的成绩所在的单元格以一种颜色填充，而把高于95分的成绩以另一种字体颜色标出，所用颜色深浅以不遮挡数据为宜。

（3）利用函数计算每一个学生的总分、平均成绩及名次。

（4）学号第3、4位代表学生所在的班级，例如："120105"代表12级1班5号。请通过函数提取每个学生所在的班级并按下列对应关系填写在"班级"列中：

"学号"的3、4位对应班级

01	1班
02	2班
03	3班

（5）根据学号，请在"第一学期期末成绩"工作表的"姓名"列中，使用"VLOOKUP函数"完成姓名的自动填充。"姓名"和"学号"的对应关系在"学号对照"工作表中。

（6）在"第一学期期末成绩"中通过分类汇总功能求出每个班各科的最大值，并将汇总结果显示在数据下方。

（7）以分类汇总结果为基础，创建一个簇状条形图，对每个班各科最大值进行比较。

（8）保存源文件。

实训步骤

（1）选中"学号"一列，右击，在弹出的快捷菜单中选择"设置单元格格式"，打开"设置单元格格式"对话框，切换到"数字"选项卡，在"分类"列表框中选中"文本"，单击"确定"按钮。同理设置成绩列为整数数值，选中所有的行，右击，在弹出的快捷菜单中选择"行高"，打开"行高"对话框，设置相应的行高值，这里设置为"16"，单击"确定"按钮。同理设置相应的列宽。在"设置单元格格式"对话框中设置"字体""字号""对齐""边框"等。

（2）选中成绩数据区域D2：J19，单击"开始"→"条件格式"→"突出显示单元格规则"→"小于"命令，如图4-5-1所示，打开"小于"对话框，如图4-5-2所示。

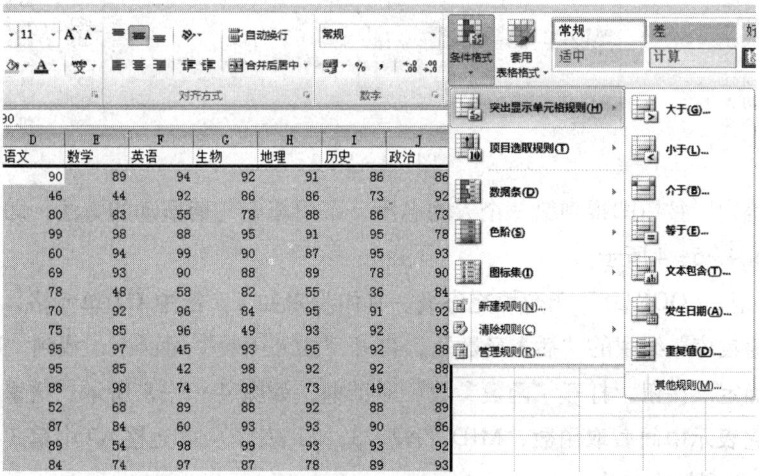

图　4-5-1

（3）利用求和和平均值函数计算每个学生的总分和平均分，这里不再一一介绍。下面主要介绍求名次函数“RANK”。

选中 M2 单元格，单击“公式”选项卡下“函数库”组中的“插入函数”，打开“插入函数”对话框，找到“RANK”函数，单击“确定”按钮，弹出 Rank 函数对话框，如图 4－5－3 所示。

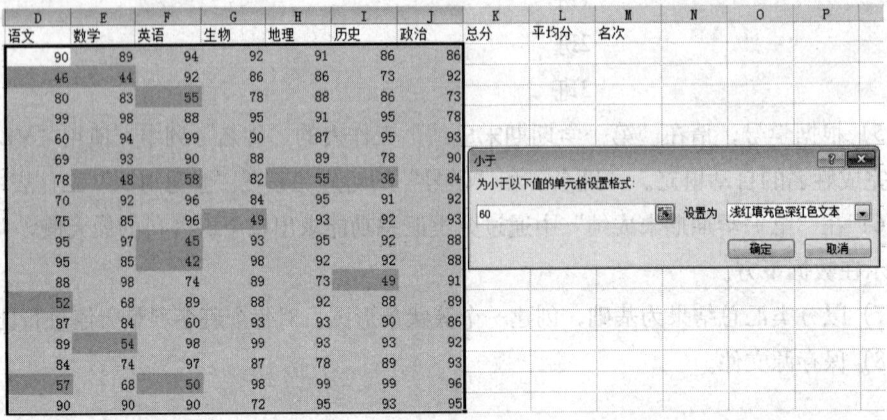

图 4－5－2

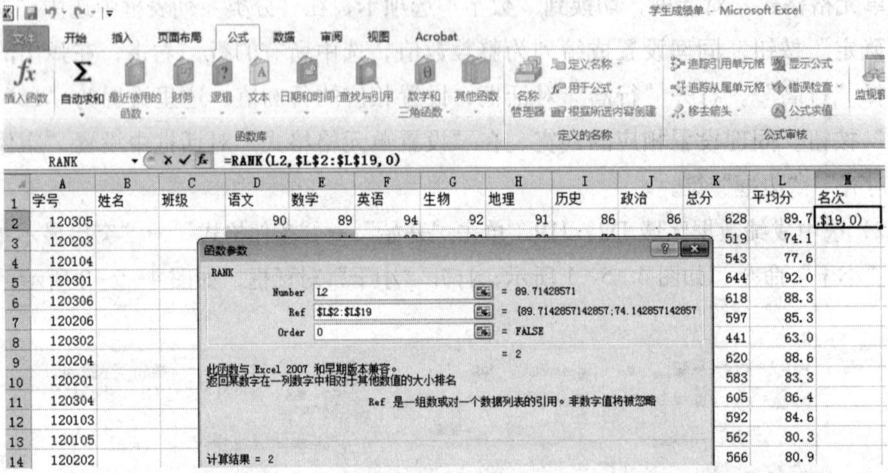

图 4－5－3

单击“确定”按钮即得到第一个人的名次，采用填充句柄拖动的方法，即可完成所有人的名次。如图 4－5－4 所示。

（4）采用“LOOKUP”函数填充班级。具体步骤如下：选中 C2 单元格，单击“公式”选项卡下“函数库”组中的“插入函数”，打开“插入函数”对话框，找到“LOOKUP”函数，单击“确定”按钮，打开“函数参数”对话框，如图 4－5－5 所示。这里注意：MID函数的用法，它表示中间截取函数，MID（A2，3，2）表示从单元格A2 中第 3 个位置开始截取 2 个字符，得到新的字符。

（5）选中 B2 单元格，单击“公式”选项卡下“函数库”组中的“插入函数”，打开

“插入函数”对话框，找到“VLOOKUP”函数，打开参数设置对话框，进行参数设置，如图 4-5-6 所示。

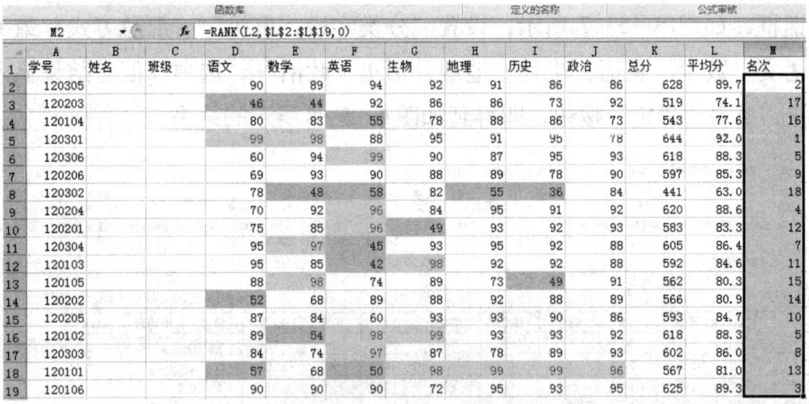

学号	姓名	班级	语文	数学	英语	生物	地理	历史	政治	总分	平均分	名次
120305			90	89	94	92	91	86	86	628	89.7	2
120203			46	44	92	86	86	73	92	519	74.1	17
120104			80	83	55	78	88	86	73	543	77.6	16
120301			99	98	88	95	91	95	78	644	92.0	1
120306			60	94	99	90	87	95	93	618	88.3	5
120206			69	93	90	88	89	78	90	597	85.3	9
120302			78	48	58	82	55	36	84	441	63.0	18
120204			70	92	96	84	95	91	92	620	88.6	4
120201			75	85	96	49	93	92	93	583	83.3	12
120304			95	97	45	93	95	92	88	605	86.4	7
120103			95	85	42	98	92	92	88	592	84.6	11
120105			88	98	74	89	73	49	91	562	80.3	15
120202			52	68	89	88	92	88	89	566	80.9	14
120205			87	84	60	93	93	90	86	593	84.7	10
120102			89	54	98	99	93	93	92	618	88.3	5
120303			84	74	97	87	78	89	93	602	86.0	8
120101			57	68	50	98	99	99	96	567	81.0	13
120106			90	90	90	72	95	93	95	625	89.3	3

图 4-5-4

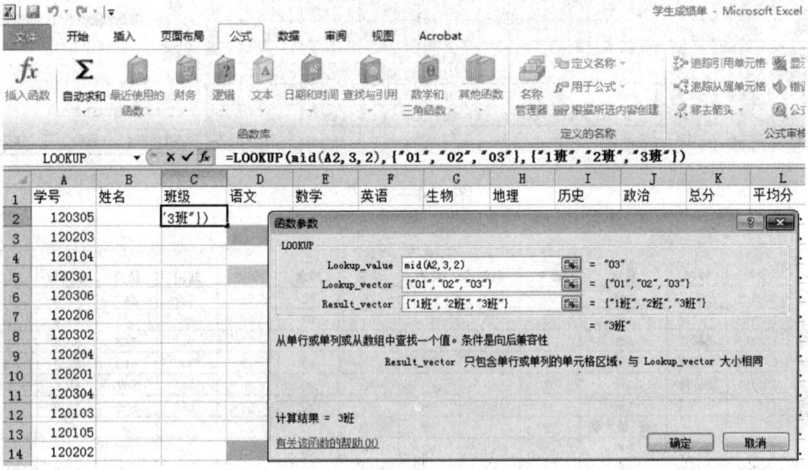

图 4-5-5

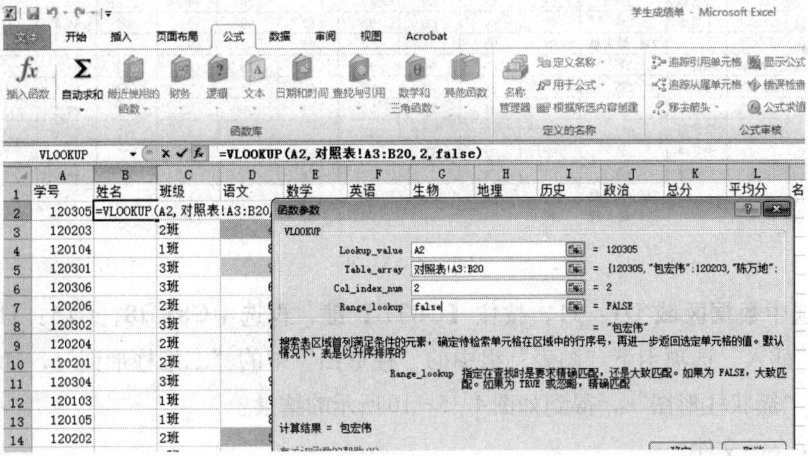

图 4-5-6

（6）选中所有数据区域 A1：M19，单击“数据”选项卡下“排序和筛选”组中的“排序”，打开“排序”对话框，按“班级”升序排序。

选中所有数据区域，单击“数据”选项卡下“分级显示”组中的“分类汇总”，打开“分类汇总”对话框，如图 4－5－7 所示，设置“分类字段：班级”“汇总方式：最大值”“选定汇总项：语文、数学、英语、生物、地理、历史、政治”，选中“汇总结果显示在数据下方”单选按钮，单击“确定”按钮，即得到如图4－5－8所示的结果。

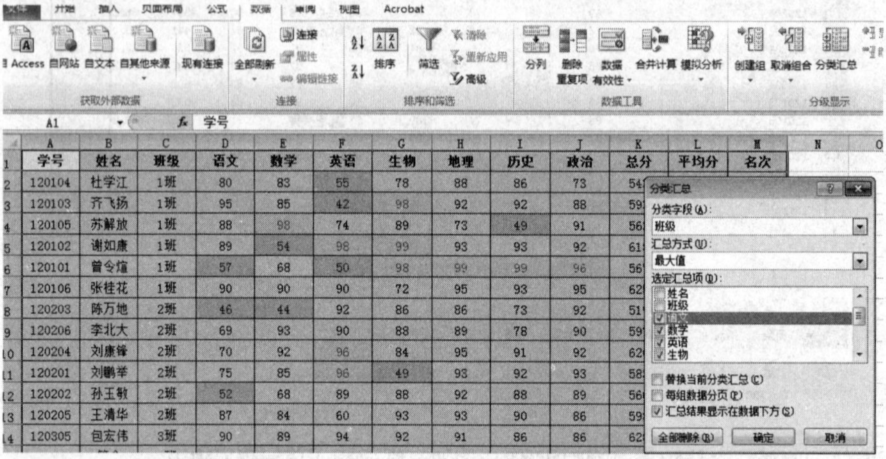

图　4－5－7

	学号	姓名	班级	语文	数学	英语	生物	地理	历史	政治	总分	平均分	名次
2	120104	杜学江	1班	80	83	55	78	88	86	73	543	77.6	16
3	120103	齐飞扬	1班	95	85	42	98	92	92	88	592	84.6	11
4	120105	苏解放	1班	88	98	74	89	73	49	91	562	80.3	15
5	120102	谢如康	1班	89	54	98	99	93	93	92	618	88.3	5
6	120101	曾令煊	1班	57	68	50	98	99	99	96	567	81.0	13
7	120106	张桂花	1班	90	90	90	72	95	93	95	625	89.3	3
8			1班 最大值	95	98	98	99	99	99	96			
9	120203	陈万地	2班	46	44	92	86	86	73	92	519	74.1	17
10	120206	李北大	2班	69	93	90	88	89	78	90	597	85.3	9
11	120204	刘康锋	2班	70	92	96	84	95	91	92	620	88.6	4
12	120201	刘鹏举	2班	75	85	96	49	93	92	93	583	83.3	12
13	120202	孙玉敏	2班	52	68	89	88	92	88	89	566	80.9	14
14	120205	王清华	2班	87	84	60	93	93	90	86	593	84.7	10
15			2班 最大值	87	93	96	93	95	92	93			
16	120305	包宏伟	3班	90	89	94	92	91	86	86	628	89.7	2
17	120301	符合	3班	99	98	88	95	91	95	78	644	92.0	1
18	120306	吉祥	3班	60	94	99	90	87	95	93	618	88.3	5
19	120302	李娜娜	3班	78	48	58	82	55	36	84	441	63.0	18
20	120304	倪冬声	3班	95	97	45	93	95	92	88	605	86.4	7
21	120303	闫朝霞	3班	84	74	97	87	78	89	93	602	86.0	8
22			3班 最大值	99	98	99	95	95	95	93			
23			总计最大值	99	98	99	99	99	99	96			

图　4－5－8

（7）选中数据区域 D1：J1，按住【CRTL】键，再选中C8：J8，C15：J15，C22：J22，单击“插入”选项卡下“图表”组中的“柱形图”中的“二维柱形图”，如图4－5－9所示，单击“簇状柱形图”，得到如图4－5－10所示的结果。

（8）保存源文件。

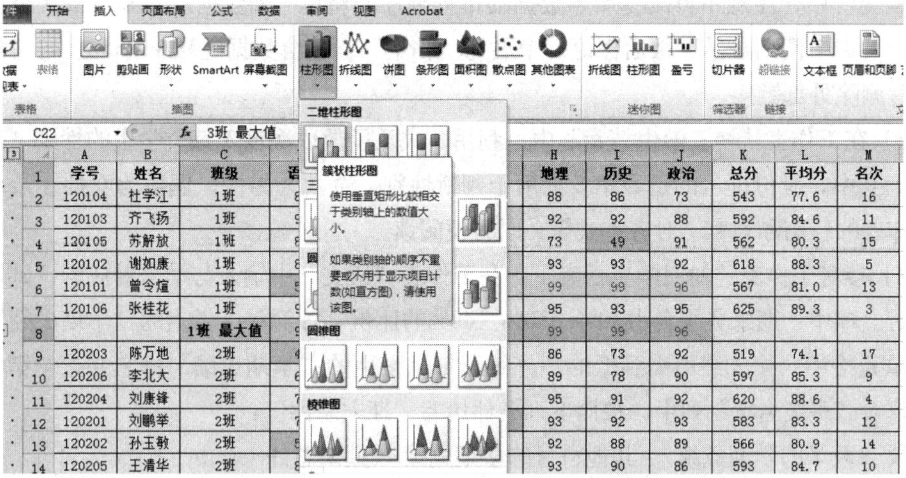

图 4-5-9

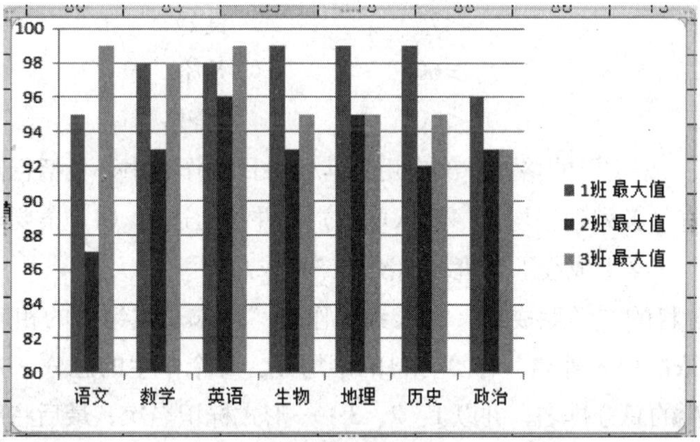

图 4-5-10

实训六 期末成绩表分析

实训描述

期末考试结束了，班主任老师需要对本班学生的各科考试成绩进行统计分析，并为每个学生制作一份成绩通知单下发给家长。

实训要求

（1）打开工作簿“学生成绩.xlsx”，在最左侧插入一个空白工作表，重命名为“初三学生档案”，并将该工作表标签颜色设为“紫色（标准色）”。

（2）将以制表符分隔的文本文件“学生档案.txt”自A1单元格开始导入到工作表“初

三学生档案”中，注意不得改变原始数据的排列顺序。将第 1 列数据从左到右依次分成“学号”和“姓名”两列显示。最后创建一个名为“档案”、包含数据区域A1:G56、包含标题的表，同时删除外部链接。

（3）在工作表“初三学生档案”中，利用公式及函数依次输入每个学生的性别“男”或“女”，其中，身份证号的倒数第 2 位用于判断性别，奇数为男性，偶数为女性。最后适当调整工作表的行高和列宽、对齐方式等，以方便阅读。

（4）参考工作表“初三学生档案”，在工作表“语文”中输入与学号对应的“姓名”；按照平时、期中、期末成绩各占30%、30%、40%的比例，计算每个学生的“学期成绩”并填入相应单元格中；按成绩由高到低的顺序统计每个学生的“学期成绩”排名并按“第 *n* 名”的形式填入“班级名次”列中；按照下列条件填写“期末总评”：

语文、数学的学期成绩	其他科目的学期成绩	期末总评
≥90	≥90	优秀
≥84	≥75	良好
≥72	≥60	及格
<72	<60	不合格

（5）将工作表“语文”的格式全部应用到其他科目工作表中，包括行高（各行行高均为22默认单位）和列宽（各列列宽均为14默认单位）。并按上述第（4）条要求依次输入或统计其他科目的“姓名”“学期成绩”“班级名次”“期末总评”。

（6）分别将各科的“学期成绩”引入到工作表“期末总成绩”的相应列中，在工作表“期末总成绩”中依次引入姓名、计算各科的平均分、每个学生的总分，并按成绩由高到底的顺序统计每个学生的总分排名，并以1、2、3……形式标识名次，最后将所有成绩的数字格式设为数值、保留两位小数。

（7）保存源文件。

实训步骤

（1）打开“学生成绩.xlsx”，选中“语文”工作表，右击，弹出快捷菜单，选中“插入…”，打开“插入”对话框，选中“工作表”，单击“确定”按钮，即在“语文”工作表的左边插入了一个新的工作表sheet1，重命名为“初三学生档案”，右击，弹出快捷菜单，选中“工作表标签颜色”级联菜单中的“标准色”下的“紫色”即可，如图4－6－1所示。

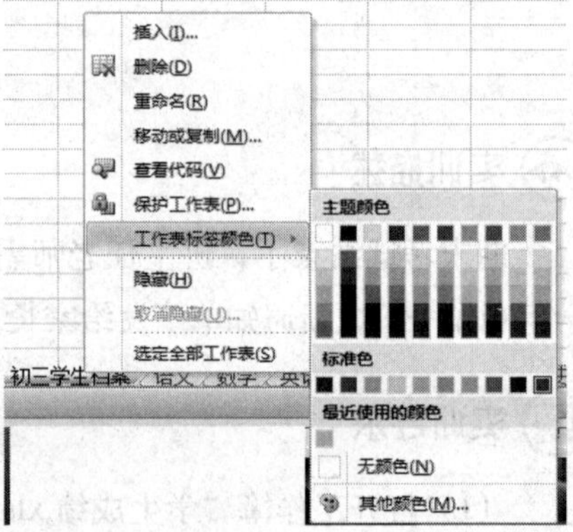

图 4－6－1

（2）选中“初三学生档案”表中的 A1 单元格，单击“数据”选项卡下“获取外部数据”组中的“自文本”，弹出“导入文本文件”对话框，找到“学生档案.txt”文件，单击“导入”按钮，弹出“文本导入向导”对话框，按照向导，分3步操作，具体如图4－6－2、图4－6－3、图4－6－4所示。

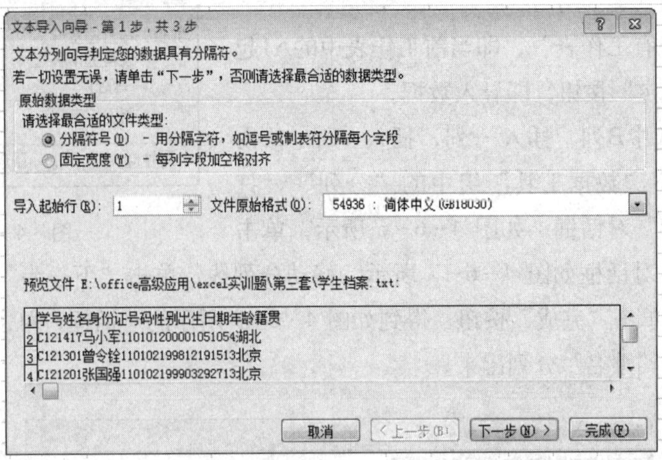

图　4－6－2

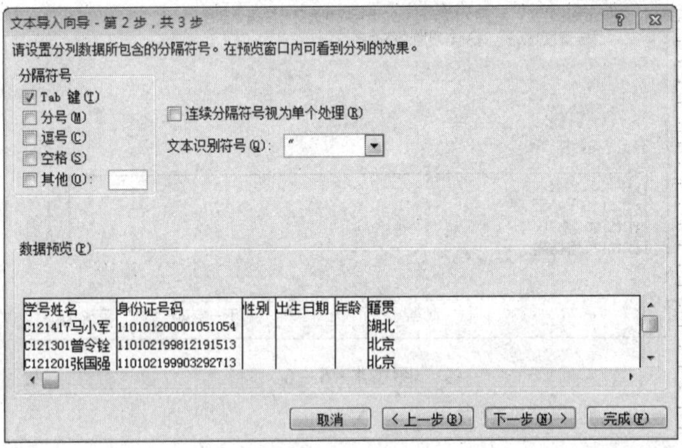

图　4－6－3

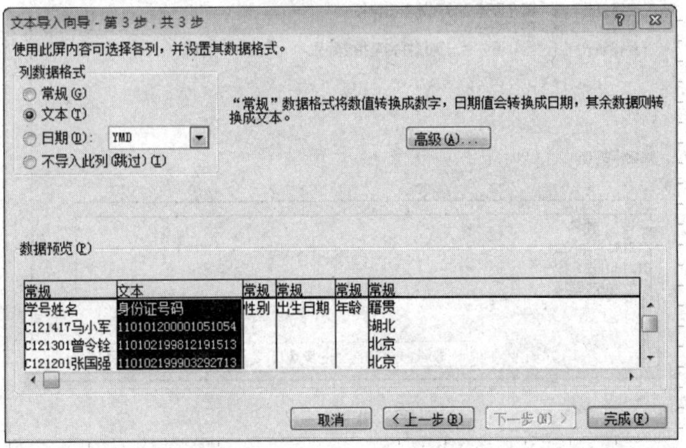

图　4－6－4

单击“完成”按钮，即弹出“导入数据”对话框，如图 4－6－5 所示。

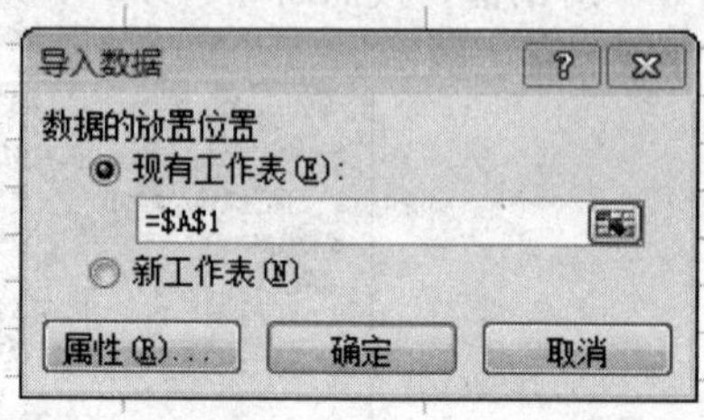

图 4－6－5

这里选择“现有工作表”，即当前工作表中的A1起始位置，单击“确定”按钮，即导入数据。

分列操作：选中B列，插入一列，插入A列，单击“数据”选项卡下“数据工具”组中的“分列”，打开“文本分列向导”对话框，如图 4－6－6 所示，单击“下一步”按钮，对话框如图 4－6－7 所示，移动分列线。单击“下一步”按钮，对话框如图 4－6－8 所示，单击“完成”按钮，得到如图 4－6－9 所示的对话框，单击“确定”按钮，即可将“学号”和“姓名”分列出来。

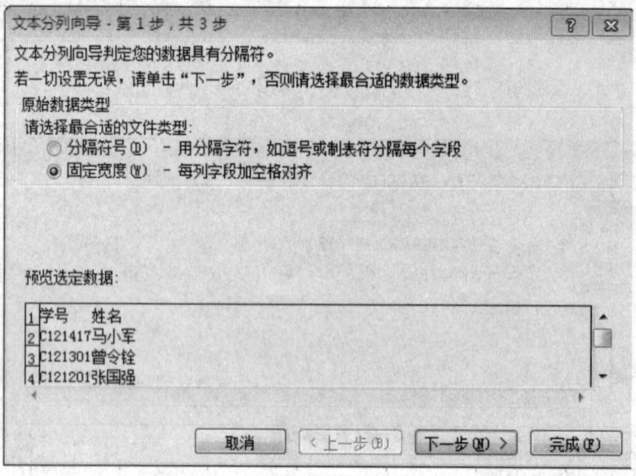

图 4－6－6

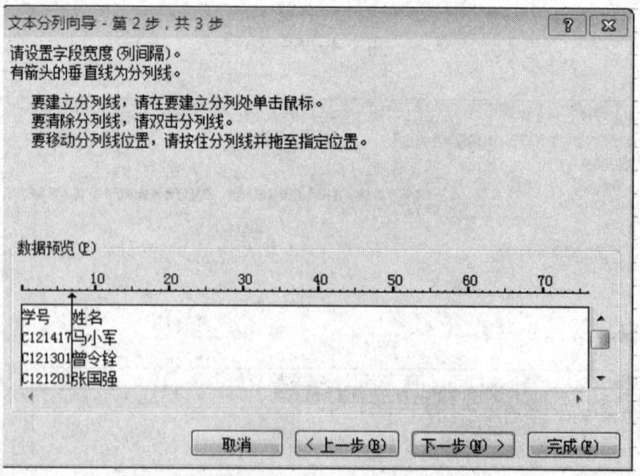

图 4－6－7

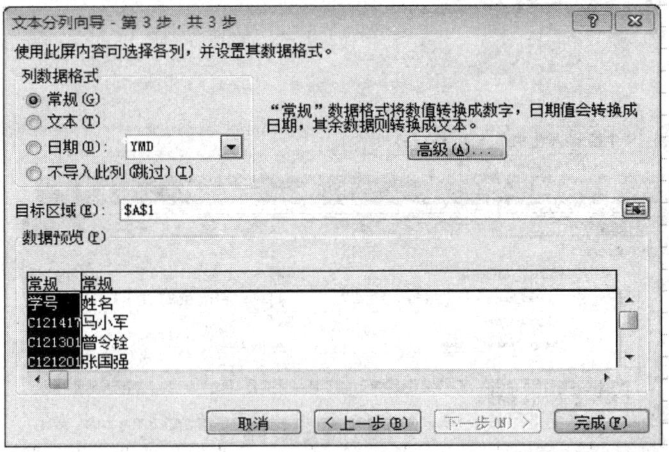

图 4-6-8

图 4-6-9

（3）填写性别。

① 首先从学号中截取倒数第二位，用MID函数，函数表达式为：MID(A2,6,1)；

② 其次判断截取的这个数能否被2整除，若能，则证明这个数为偶数，否则为奇数；

③ 利用IF函数判断奇数为男性，偶数为女性。

步骤：选中C2单元格，插入IF函数，打开IF函数对话框，进行参数设置，如图 4-6-10 所示。

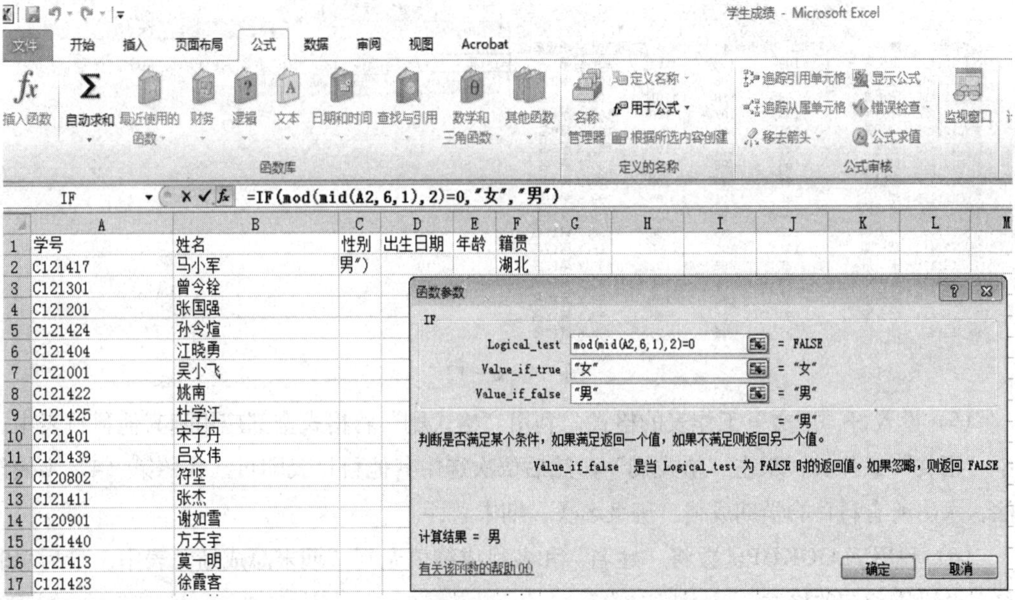

图 4-6-10

（4）选中B2单元格，插入VLOOKUP函数，打开VLOOKUP函数对话框，如图 4-6-11 所示。

计算学期成绩。利用公式：学期成绩=平时成绩*30%+期中成绩*30%+期末成绩*40%；

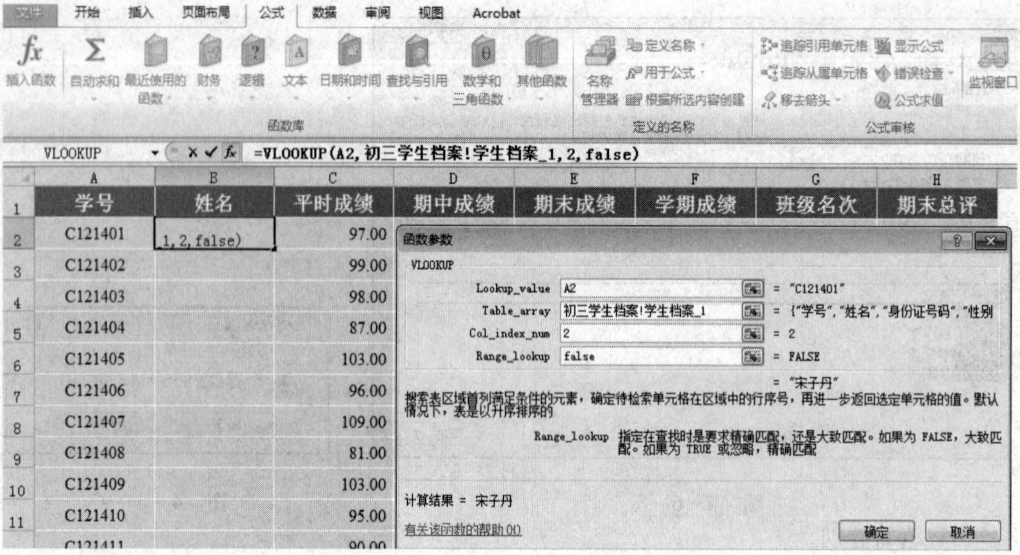

图 4-6-11

计算期末总评。利用IF函数的嵌套，如图 4-6-12 所示。

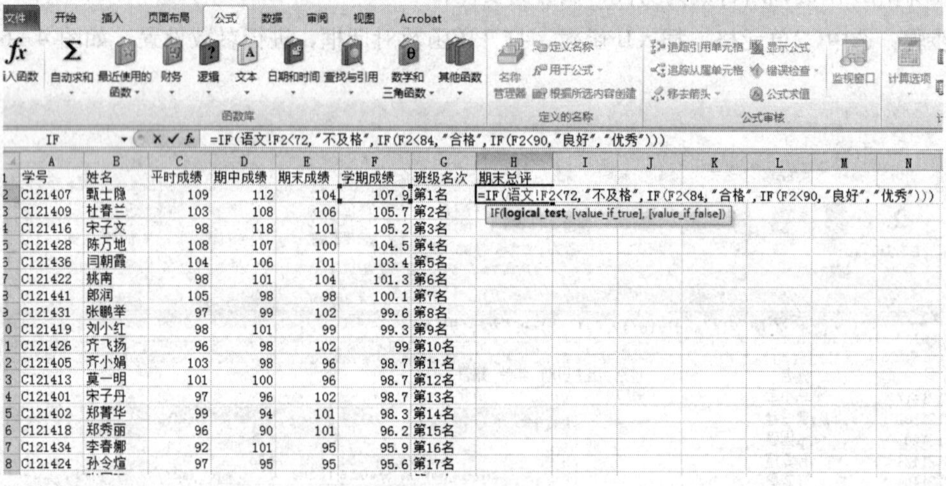

图 4-6-12

（5）设置好“语文”工作表的格式，利用“格式刷”将格式全部应用到其他科目表中。选中“语文”工作表，双击“格式刷”，然后依次选中其他科目表即可。按照第（4）步操作方法，求出所有科目的学期成绩、班级名次、期末总评。

（6）利用VLOOKUP函数将“姓名”和各科成绩填充到“期末总成绩”表中。最后总的排名，并设置相应的格式。

（7）保存源文件。

实训七　计算机发展史简介

实训描述

某校老师要参加公开课比赛，他选择《计算机发展史简介》这部分内容，请按照要求制作一份《计算机发展史简介》的演示文稿。

实训要求

（1）使文稿包含七张幻灯片，设计第一张为“标题幻灯片”版式，第二张为“仅标题”版式，第三到第六张为“两栏内容”版式，第七张为“空白”版式；所有幻灯片统一设置背景样式，要求有预设颜色。

（2）第一张幻灯片标题为“计算机发展简史”，副标题为“计算机发展的四个阶段”；第二张幻灯片标题为“计算机发展的四个阶段”；在标题下面空白处插入SmartArt图形，要求含有四个文本框，在每个文本框中依次输入“第一代计算机”……“第四代计算机”，更改图形颜色，适当调整字体字号。

（3）第三张至第六张幻灯片，标题内容分别为“ppt-素材.docx”中各段的标题；左侧内容为各段的文字介绍，加项目符号，右侧为存放相对应的图片，第六张幻灯片须插入两张图片（“第四代计算机-1.JPG”在上，“第四代计算机-2.JPG”在下）；在第七张幻灯片中插入艺术字，内容为“谢谢!”。

（4）为第一张幻灯片的副标题、第三到第六张幻灯片的图片设置动画效果，第二张幻灯片的四个文本框超链接到相应内容幻灯片；为所有幻灯片设置切换效果。

（5）保存源文件。

实训步骤

（1）打开演示文稿“yswg.pptx”。选中第一张幻灯片，单击“开始”选项卡下“幻灯片”组中的“版式”按钮，在弹出的下拉列表中选择“标题幻灯片”。

单击“开始”选项卡下“幻灯片”组中的“新建幻灯片”下拉按钮，在弹出的下拉列表中选择“仅标题”。按同样方法新建第三到第六张幻灯片为“两栏内容”版式，第七张为“空白”版式。

单击“设计”选项卡下“背景”组中的“背景样式”下拉按钮，在弹出的下拉列表中选择“设置背景格式”，弹出“设置背景格式”对话框，此处可在“填充”选项卡下选中“渐变填充”单选按钮，单击“预设颜色”下三角按钮，在弹出的下拉列表框中选择一种，例如“雨后初晴”，然后单击“全部应用”按钮，效果如图4-7-1所示。

（2）选中第一张幻灯片，单击“单击此处添加标题”标题占位符，输入”计算机发展简史”字样。单击“单击此处添加副标题”标题占位符，输入“计算机发展的四个阶段”字样。

选中第二张幻灯片，单击“单击此处添加标题”标题占位符，输入“计算机发展的四个阶段”字样。

图 4－7－1

选中第二张幻灯片，单击“插入”选项卡下“插图”组中的“SmartArt”按钮，弹出“选择SmartArt图形”对话框，按题目要求，可选择“流程”中的“基本流程”，单击“确定”按钮。此时默认的只有三个文本框，选中第三个文本框，单击“SmartArt工具”栏“设计”选项卡下“创建图形”组中的“添加形状”下拉按钮，从弹出的下拉列表中选择“在后面添加形状”。

在上述四个文本框中依次输入“第一代计算机”……“第四代计算机”。

更改图形颜色。选中SmartArt图形，单击“SmartArt工具”栏“设计”选项卡下“SmartArt样式”组中的“更改颜色”下拉按钮，弹出下拉列表，可从其中选择一种，例如“彩色”下的“彩色-强调文字颜色”。

调整上述文本框中的字体字号。选中SmartArt图形，单击“开始”选项卡下“字体”组中的对话框启动器按钮，弹出“字体”对话框，此处可设置“中文字体”为“黑体”，“大小”为“20”，然后单击“确定”按钮，效果如图 4－7－2 所示。

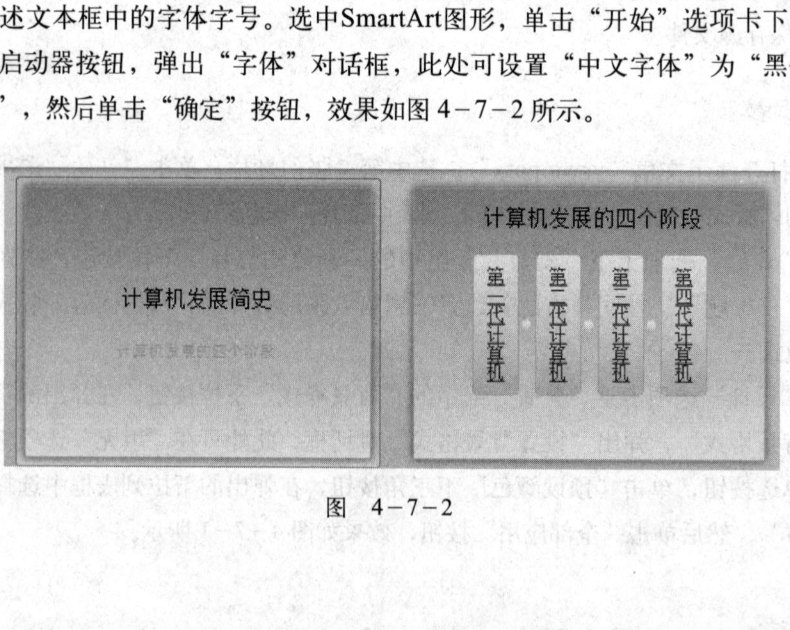

图 4－7－2

（3）选中第三张幻灯片，单击“单击此处添加标题”标题占位符，输入“第一代计算机：电子管数字计算机（1946—1958年）”字样。将素材中第一段的文字内容复制粘贴到该幻灯片的左侧内容区，选中左侧内容区文字，单击“开始”选项卡下“段落”组中的“项目符号”按钮，在弹出的下拉列表中选择“带填充效果的大方形项目符号”。在右侧的文本区域单击“插入”选项卡下“图像”组中的“图片”按钮，弹出“插入图片”对话框，选择“第一代计算机.jpg”后单击“插入”按钮，即可插入图片。

按照上述同样方法，使第四张至第六张幻灯片，标题内容分别为素材中各段的标题，左侧内容为各段的文字介绍，加项目符号，右侧存放相对应的图片，第六张幻灯片须插入两张图片（“第四代计算机-1.JPG”在上，“第四代计算机-2.JPG”在下）。效果如图 4－7－3 所示。

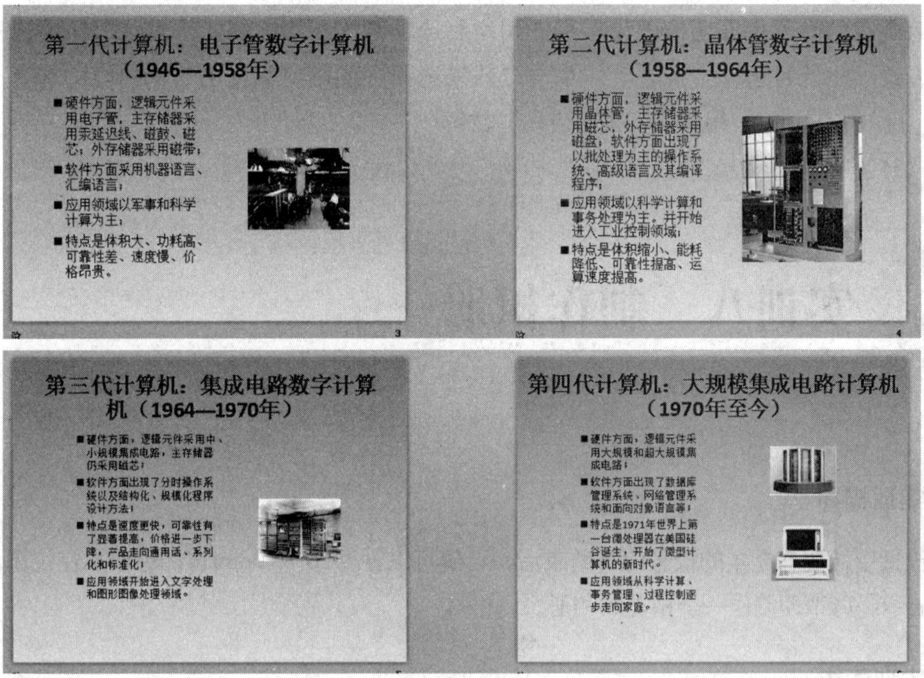

图 4－7－3

插入艺术字。选中第七张幻灯片，单击“插入”选项卡下“文本”组中的“艺术字”按钮，从弹出的下拉列表中选择一种样式，此处可选择“填充-无，强调文字颜色2”，输入文字“谢谢！”，效果如图 4－7－4 所示。

（4）选中第一张幻灯片的副标题，此处选择“动画”选项卡下“动画”组中的“飞入”，再单击“效果选项”按钮，从弹出的下拉列表中选择“自底部”，即可为第一张幻灯片的副标题设置动画效果。按同样的方法可为第三到第六张幻灯片的图片设置动画效果。

选中第二张幻灯片的第一个文本框，单击“插入”选项卡下“链接”组中的“超链接”按钮，弹出“插入超链接”对话框，在“链接到：”选项区域中单击“本文档中的位置”，在“请选择文档中的位置”下拉列表中选择第三张幻灯片，然后单击“确定”按钮。按照同样方法将剩下的三个文本框超链接到相应内容的幻灯片。

图 4-7-4

为所有幻灯片设置切换效果。在“切换”选项卡的“切换到此幻灯片”组中选择一种切换方式，此处可选择“推进”，单击“效果选项”按钮，从弹出的下列表中选择“自右侧”，再单击“计时”组中的“全部应用”按钮。

（5）保存演示文稿。

实训八　制作相册

实训描述

校摄影社团在今年的摄影比赛结束后，希望可以借助PowerPoint将优秀作品在社团活动中进行展示。请帮助制作一个精美的相册。

实训要求

（1）利用 PowerPoint 应用程序创建一个相册，并包含“Photo (1).jpg”～“Photo (12).jpg”共12 幅摄影作品（图片放在文件夹里）。在每张幻灯片中包含 4 张图片，并将每幅图片设置为“居中矩形阴影”相框形状。

（2）设置相册主题为“相册主题.pptx”样式。

（3）为相册中的每张幻灯片设置不同的切换效果。

（4）在标题幻灯片后插入一张新的幻灯片，将该幻灯片设置为“标题和内容”版式。在该幻灯片的标题位置输入“摄影社团优秀作品赏析”，并在该幻灯片的内容文本框中输入 3 行文字，分别为“湖光春色”“冰消雪融”和“田园风光”。

（5）将“湖光春色”“冰消雪融”和“田园风光”3 行文字转换成样式为“蛇形图片重点列表”的 SmartArt 对象，并将“Photo (1).jpg”“Photo (6).jpg”“Photo (9).jpg”定义为该SmartArt对象的显示图片。

（6）为SmartArt对象添加自左至右的“擦除”进入动画效果，并要求在幻灯片放映时该SmartArt对象元素可以逐个显示。

（7）在SmartArt对象元素中添加幻灯片跳转链接，使得单击“湖光春色”标注形状可跳转至第三张幻灯片，单击“冰消雪融”标注形状可跳转至第4张幻灯片，单击“田园风光”标注形状可跳转至第五张幻灯片。

（8）将“ELPHRG01.wav”声音文件作为该相册的背景音乐，并在幻灯片放映时即开始播放。

（9）将该相册保存为“PowerPoint.pptx”文件。

实训步骤

（1）打开Microsoft Power Point 2010应用程序。

单击“插入”选项卡下“图像”组中的“相册”下拉按钮，选择“新建相册”，弹出“相册”对话框。

单击“文件/磁盘”按钮，弹出“插入新图片”对话框，选中要求的12张图片，单击“插入”按钮即可。回到“相册”对话框，在“相册板式”下拉列表中选择“4张图片”。最后单击“创建”按钮即可。

选中第一张图片，右击，在弹出的快捷菜单中选择“设置图片格式”命令，即可弹出“设置图片格式”对话框，切换至“阴影”选项卡，在“预设”下拉列表框中选择“内部居中”命令后单击“确定”按钮即可完成设置。其他图片可用格式刷。效果如图4－8－1所示。

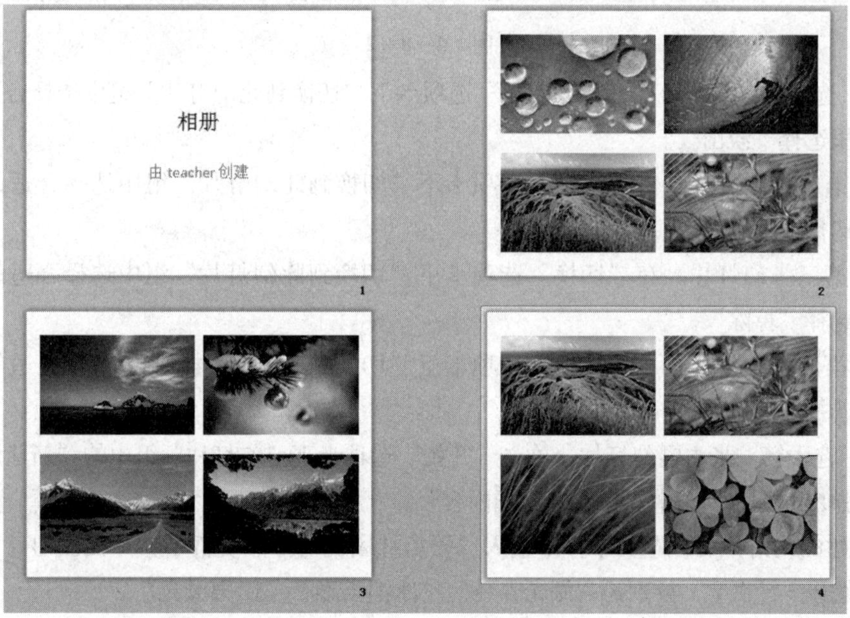

图　4－8－1

（2）单击“设计”选项卡下“主题”组中的“其他”按钮，在弹出的下拉列表中选择“浏览主题”。

在弹出的“选择主题或主题文档”对话框中，选中“相册主题.pptx”文档。设置完成后单击“应用”按钮即可，设置效果如图 4－8－2 所示。

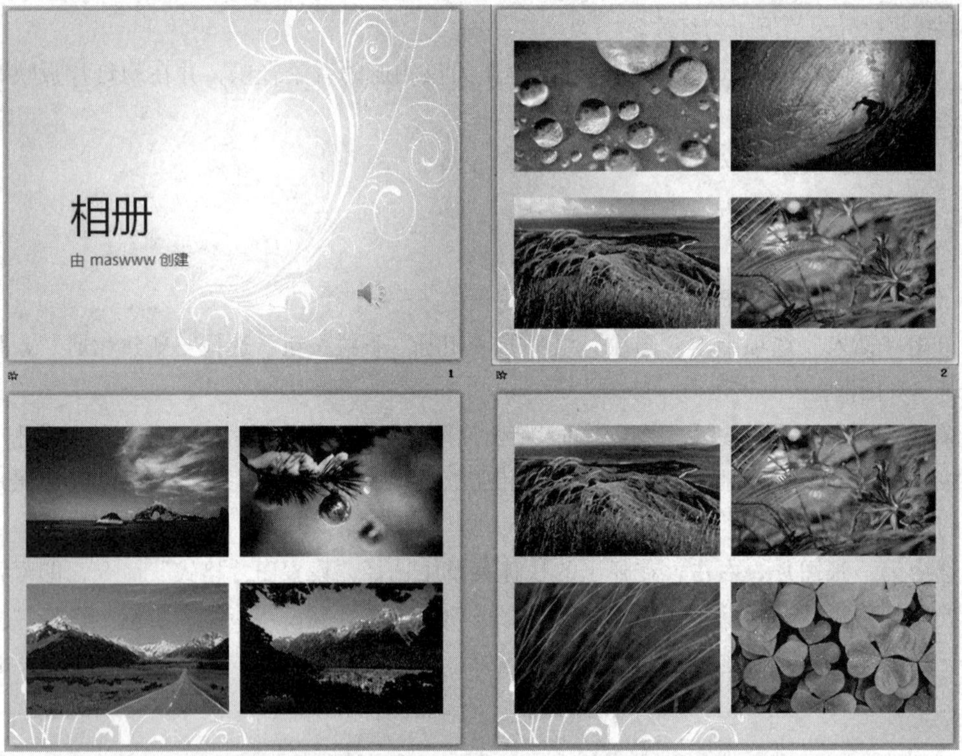

图 4－8－2

（3）选中第一张幻灯片，在“切换”选项卡下“切换到此幻灯片”组中选择合适的切换效果，这里选择“淡出”。

选中第二张幻灯片，在“切换”选项卡下“切换到此幻灯片”组中选择合适的切换效果，这里选择“推进”。

选中第三张幻灯片，在“切换”选项卡下“切换到此幻灯片”组中选择合适的切换效果，这里选择“擦除”。

选中第四张幻灯片，在“切换”选项卡下“切换到此幻灯片”组中选择合适的切换效果，这里选择“分割”。

（4）选中第一张主题幻灯片，单击“开始”选项卡下“幻灯片”组中的“新建幻灯片”按钮，在弹出的下拉列表中选择“标题和内容”。

在新建的幻灯片的标题文本框中输入“摄影社团优秀作品赏析”；并在该幻灯片的内容文本框中输入 3 行文字，分别为“湖光春色”“冰消雪融”“田园风光”。

（5）选中“湖光春色”“冰消雪融”“田园风光”三行文字，单击“开始”选项卡下

“段落”组中的“转化为 SmartArt”下拉按钮，在弹出的下拉列表中选择“蛇形图片重点列表”。

在弹出的“在此处键入文字”对话框中，双击“湖光春色”所对应的图片按钮。在弹出的“插入图片”对话框中选择“Photo (1).jpg”图片。

同理，在“冰消雪融”“田园风光”行中依次选中“Photo (6).jpg”“Photo (9).jpg”图片，最终设置完成的效果如图 4－8－3 所示。

图 4－8－3

（6）选中 SmartArt 对象元素，单击“动画”选项卡下“动画”组中的“擦除”按钮。然后单击“动画”选项卡下“动画”组中的“效果选项”按钮，在弹出的下拉列表中，依次选中“自左侧”和“逐个”。

（7）选中 SmartArt 中的“湖光春色”并右击，在弹出的快捷菜单中选择“超链接”，即可弹出“插入超链接”对话框。在“链接到”选项区域中选择“本文档中的位置”命令后，选择“幻灯片 3”，最后单击“确定”按钮即可。

选中 SmartArt 中的“冰消雪融”并右击，在弹出的快捷菜单中选择“超链接”命令，即可弹出“插入超链接”对话框。在“链接到”选项区域中选择“本文档中的位置”命令后，选择“幻灯片 4”，最后单击“确定”按钮即可。

选中 SmartArt 中的“田园风光”并右击，在弹出的快捷菜单中选择“超链接”命令，即可弹出“插入超链接”对话框。在“链接到”选项区域中选择“本文档中的位置”命令后，选择“幻灯片 5”最后单击“确定”按钮即可。

（8）选中第一张主题幻灯片，单击“插入”选项卡下“媒体”组中的“音频”按钮。在弹出的“插入音频”对话框中选中“ELPHRG01.wav”音频文件，最后单击“确定”按钮即可。

选中音频的小喇叭图标，在“音频工具”栏“播放”选项卡的“音频选项”组中，选中“循环播放，直到停止”和“播放返回开头”复选框，在“开始”下拉列表框中选择“自动”。

（9）单击“文件”选项卡下的“保存”按钮，在弹出的“另存为”对话框中，在“文件名”下拉列表框中输“PowerPoint.pptx”，最后单击“保存”按钮即可。

实训九　制作旅游景点介绍

实训描述

为进一步提升北京旅游行业的整体队伍的素质，打造高水平、懂业务的旅游景区建设与管理队伍，北京旅游局将为工作人员进行一次业务培训，主要围绕“北京主要景点”进行介绍，包括文字、图片、音频等内容。请帮助制作一份旅游景点介绍的演示文稿。

实训要求

（1）新建一份演示文稿，并以“北京主要旅游景点介绍.pptx”为文件名并保存。

（2）第一张标题幻灯片中的标题设置为“北京主要旅游景点介绍”，副标题为“历史与现代的完美融合”。

（3）在第一张幻灯片中插入歌曲“北京欢迎你.mp3”，设置为自动播放，并设置声音图标在放映时隐藏。

（4）第二张幻灯片的版式为“标题和内容”，标题为“北京主要景点”，在文本区域中以项目符号列表的方式依次添加下列内容：天安门、故宫博物院、八达岭长城、颐和园、鸟巢。

（5）自第三张幻灯片开始按照天安门、故宫博物院、八达岭长城、颐和园、鸟巢的顺序依次介绍北京各主要景点，相应的文字素材“北京主要景点介绍-文字.docx”，以及图片文件均存放于素材文档中，要求每个景点介绍占用一张幻灯片。

（6）最后一张幻灯片的版式设置为“空白”，并插入艺术字“谢谢”。

（7）将第二张幻灯片列表中的内容分别超链接到后面对应的幻灯片，并添加返回到第二张幻灯片的动作按钮。

（8）为演示文稿选择一种设计主题，要求字体和整体布局合理、色调统一，为每张幻灯片设置不同的幻灯片切换效果，以及文字和图片的动画效果。

(9) 除标题幻灯片外，其他幻灯片的页脚均包含幻灯片编号、日期和时间。

(10) 设置演示文稿放映方式为“循环放映，按【ESC】键终止”，换片方式为“手动”。

实训步骤

(1) 新建一份演示文稿，并命名为“北京主要旅游景点介绍.pptx”。

(2) 打开演示文稿，在第一张幻灯片的“单击此处添加标题”处单击，输入文字“北京主要旅游景点介绍”，副标题设置为“历史与现代的完美融合”。

(3) 单击“插入”选项卡下“媒体”组中的“音频”下拉按钮，在弹出的下拉列表中选择“文件中的音频”选项，弹出“插入音频”对话框，在该对话框中选择“北京欢迎您.mp3”素材文件，单击“插入”按钮，即可将音乐素材添加至幻灯片中。

单击“音频工具”栏下的“播放”选项卡，将“音频选项”组中的“开始”设置为自动，并选中“放映时隐藏”复选框。效果如图 4－9－1 所示。

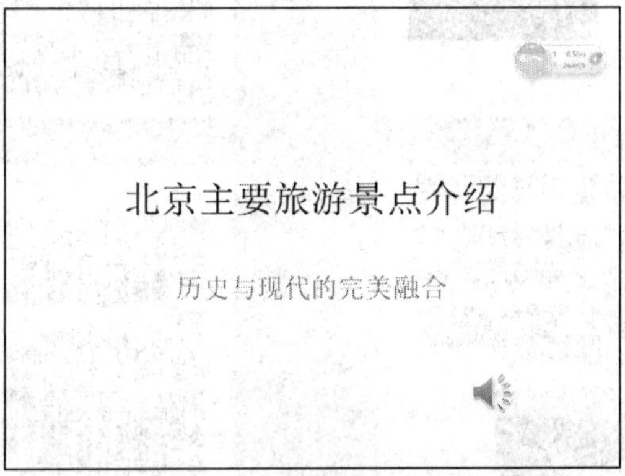

图 4－9－1

(4) 单击“开始”选项卡下“幻灯片”组中的“新建幻灯片”下拉按钮，在弹出的下拉列表中选择“标题和内容”选项，在标题处输入文字“北京主要景点”，然后在正文文本框内输入图 4－9－2 所示的文字，此处使用文本区域中默认的项目符号。

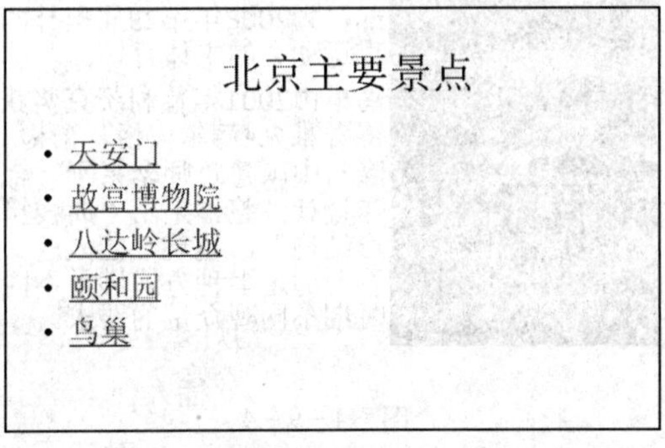

图 4－9－2

(5) 将光标定位在第二张幻灯片下方，按【Enter】键新建版式为“标题和内容”的幻灯片，选中标题文本框并删除。选中余下的文本框，单击“开始”选项卡下“段落”组中的“项目符号”右侧的下三角按钮，在弹出的下拉列表中选择“无”。选中第三张幻灯片，对其进行复制并粘贴4次。打开“北京主要景点介绍-文字.docx”素材文件，选择第一段文字将其进行复制，将其粘贴到第三张幻灯的文本框内。单击“插入”选项卡下“图像”组中的“图片”按钮，弹出“插入图片”对话框，选中素材文件“天安门.jpg”，单击“打开”按钮，即可插入图片，并适当调整图片的大小和位置。使用同样的方法将介绍故宫、八达岭长城、颐和园、鸟巢的文字粘贴到不同的幻灯片中，并插入相应的图片。效果如图 4-9-3、图 4-9-4 所示。

图　4-9-3

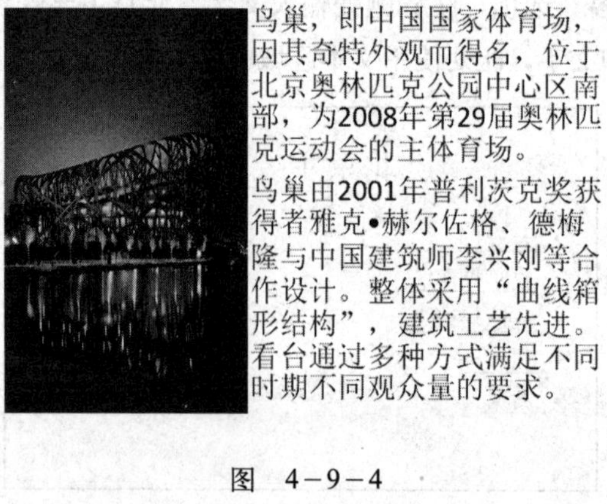

图　4-9-4

（6）选中第七章幻灯片，单击“开始”选项卡下“幻灯片”选项组中的“新建幻灯片”下拉按钮，在弹出的下拉列表中选择“空白”选项。

单击“插入”选项卡下“文本”组中的“艺术字”下拉按钮，在弹出的下拉列表中选择一种艺术字，此处选择“渐变填充-紫色，强调文字颜色 4，映像”。

将艺术字文本框内的文字删除，输入文字“谢谢”，适当调整艺术文字的位置。效果如图 4－9－5 所示。

图 4－9－5

（7）选中第二张幻灯片，选中该幻灯片中的“天安门”字样，单击“插入”选项卡下“链接”组中的“超链接”按钮，弹出“插入超链接”对话框，在该对话框中单击“链接到”选项区域中的“本文档中的位置”，在“请选择文档中的位置”列表框中选择“幻灯片 3”选项，单击“确定”按钮。切换至第三张幻灯片，单击“插入”选项卡下“插图”选项组中的“形状”下拉按钮，在弹出的下拉列表中选择“动作按钮”中的“动作按钮：后退或前一项”形状。

在第三张幻灯片的空白位置绘制动作按钮，绘制完成后弹出“动作设置”对话框，在该对话框中单击“超链接到”中的下拉按钮，在弹出的下拉列表中选择“幻灯片”选项，弹出“超链接到幻灯片”对话框，在该对话框中选择“2. 北京主要景点”，单击“确定”按钮。

再次单击“确定”按钮，退出对话框，适当调整动作按钮的大小和位置。

使用同样的方法，将第二张幻灯片列表中余下内容分别超链接到对应的幻灯片上，并复制新建的动作按钮粘贴到相应的幻灯片中。

（8）单击“设计”选项卡中“主题”组中的“其他”下三角按钮，在弹出的下拉列表中选择“流畅”主题。

为幻灯片设置完主题后，适当调整图片和文字的位置。选中第一张幻灯片，切换至“切换”选项卡，在“切换到此幻灯片”组中单击“其他”按钮，在弹出的下拉列表中选择“溶解”。选中第一张幻灯片，单击“切换”选项卡下“切换到此幻灯片”组中的“分割”，并按同样的方法，为其他幻灯片设置不同的切换效果。

选中第一张幻灯片的标题文本框，切换至“动画”选项卡，单击“动画”组中的“其他”下三角按钮，在弹出的下拉列表中选择“浮入”选项。选中该幻灯片中的副标题，设置动画效果为“淡出”。按照同样的方法为余下的幻灯片中的文字和图片设置不同的动画效果。

(9) 单击“插入”选项卡下“文字”组中的“页眉和页脚”按钮，在弹出的“页眉和页脚”对话框中选中“日期和时间”复选框、“幻灯片编号”复选框和“标题幻灯片中不显示”复选框，单击“全部应用”按钮。效果如图 4-9-6 所示。

图 4-9-6

(10) 单击“幻灯片放映”选项卡下“设置”组中的“设置幻灯片放映”按钮，弹出“设置放映方式”对话框，在“放映选项”组中选中“循环放映，按【ESC】键终止”复选框，将“换片方式”设置为“手动”，单击“确定”按钮。

附录

全国计算机等级考试真题

真 题 一

Word操作题

请在考生文件夹下打开文档 Word.docx ，并按照题目要求完成下面的操作。注意：以下的文件必须都保存在考生文件夹下。

请按照如下要求，在 Word.docx 文档中完成下列任务：

1．调整文档纸张大小为A4型纸，纸张方向为纵向；并调整上、下页边距为2.5厘米，左右页边距为3.2厘米。

2．打开考生文件下的“Word_样式标准.docx”文件，将其文档样式库中的“标题1，标题样式一”和“标题2，标题样式二”通过样式管理器导入到 Word.docx 文档样式库中。

3．将 Word.docx 的文档中的所有红颜色文字段落应用为“标题 1，标题样式一”段落样式。

4．将 Word.docx 的文档中的所有绿颜色文字段落应用为“标题 2，标题样式二”段落样式。

5．将文档中出现的全部“换行”符号（手动换行符）更改为“回车”符号（段落标记）。

6．修改文档样式库中的“正文”样式，使得文档中所有的正文段落首行缩进2个字符。

7．为文档添加页眉，并将当前页中样式为“标题1，标题样式一”的文字自动显示在页眉区域中。

8．在文档的最后插入一个空段落，并按照下面的数据一方式在此空段落中插入一个折线图图表，将图表的标题命名为“公司业务指标”。

销售额	成本	利润	
2010年	4.3	2.4	1.9
2011年	6.3	5.1	1.2
2012年	5.9	3.6	2.3
2013年	7.8	3.2	4.6

Excel 操作题

请在考生文件夹下打开工作簿 excel.xls 并按照题目要求完成下面的操作。注意：以下的文件必须都保存在考生文件夹下。

请根据考生文件夹下的工作簿 excel.xlsx ，帮助教务处小张完成学生期末成绩分析表的制作。具体要求如下：

1．将素材 excel.xlsx 另存为“成绩分析.xlsx”，以下所有操作均基于此新保存的文档。

2．在“2016级期末成绩”工作表最右侧依次插入“总分”“平均分”“年级排名”列；将工作表的第一行根据表格实际情况合并居中为一个单元格，并设置合适的字体、字号，使其成为该工作表的标题。对班级成绩区域套用带标题行的“表样式浅色20”的表格格式。设置所有列的对齐方式为居中，其中排名为整数，其他成绩数据保留1位小数。

3．在“2016级期末成绩”工作中，利用公式分别计算“总分”“平均分”“年级排名”列的值。对学生成绩不及格（小于60）的单元格套用格式突出显示为“黄色（标准色）填充色红色（标准色）文本”。

4．“在2016级期末成绩”工作表中，利用公式根据学生的学号将其班级的名称填入到“班级”列，规则为：学号的第三位为专业代码（1为“数控技术”、2为“机电技术”、3为“计算机技术”），第四、五位代表班级序号（10为“10班”、11为“11班”）。

5．根据“2016级期末成绩”工作表，创建一个数据透视表，放置于表名为“各班级平均分”的新工作表中。要求数据透视表按照班级顺序统计各班各科成绩的平均分，其中行标签为班级。为数据透视表格内容套用带标题行的“数据透视表样式浅色20”的表格格式，所有列的对齐方式设为居中，成绩的数值保留2位小数。

6．在“各班级平均分”工作表中，针对各课程的班级平均分创建二维簇状柱形图，其中水平簇状标签为班级，图列项为课程名称，并将图表放置在表格下方。

7．保存“成绩分析.xlsx”。

PPT操作题

请在考生文件夹下打开PowerPoint.pptx，并按照题目要求完成下面的操作。注意：以下的文件必须都保存在考生文件夹下。

某公司计划在“创新产品展示及说明会”上，向来宾自动播放会议的日程和主题，因此需要助理小张完善Powerpoint.pptx文件中的演示内容。

现在，请你按照如下需求，在PowerPoint中完成制作工作并保存。

1．由于文字内容较多，将第6张幻灯片中的内容区域文字自动拆分为2张幻灯片进行展示。

2．为了布局美观，将第5张幻灯片中的内容区域文字转换为“水平项目符号列表”SmartArt布局，并设置该SmartArt样式为“中等效果”。

3．在第4张幻灯片中插入一个标准折线图，并按照如下数据信息设置PowerPoint中的图表内容，将图表的标题命名为“产品销售情况”。

	笔记本计算机	平板计算机	智能手机
2010年	7.6	1.4	1.0
2011年	6.1	1.7	2.2
2012年	5.3	2.1	2.6
2013年	4.5	2.5	3
2014年	2.9	3.2	3.9

4．为该折线图设置“擦除”进入动画效果，效果选项为“自左侧”，按照“系列”逐次单击显示“笔记本计算机”“平板计算机”和“智能手机”的使用趋势。最终，仅在该幻灯

片中保留这3个系列的动画效果。

5．为演示文档中的所有幻灯片设置不同的切换效果。

6．为演示文档创建3个节，其中“议程”节中包含第1张和第2张幻灯片，“结束”节中包含最后1张幻灯片，其余幻灯片包含在“内容”节中。

7．为了实现幻灯片可以自动放映，设置每张幻灯片的自动放映时间不少于2 s。

真　题　二

Word操作题

请在考生文件夹下打开文档 word.docx，并按照题目要求完成下面的操作。注意：以下的文件必须都保存在考生文件夹下。

某学校为了丰富学生的课余生活，开展了“艺术”系列讲座，校摄影协会将于2016年05月29日14：00～16：00在校大礼堂举办题为“摄影艺术”讲座。

请根据上述活动的描述，制作一份宣传海报，要求如下：

1．调整文档版面，要求页面高度20厘米，宽度16厘米，页边距（上、下）为5厘米，（左右）为3厘米，并将考生文件下的图片文件设置为海报背景。

2．调整海报内容文字的字体、字号和颜色，尽量做到美观大方。

3．根据页面布局，调整海报内容中的“报告题目”“报告人”“报告日期”“报告时间”“报告地点”信息的段落间距。

4．在“主办”校摄影协会位置后另起一页，并设置第2页的页面纸张大小为A4篇幅，纸张方向设置为“横向”，页边距为“普通”。

5．在新页面的“日程安排”段落下面，复制Excel文件中本次活动的日程安排表（请参考“Word——活动日程安排表.xlsx文件），要求表格内容与Excel文件内容相同。

6．在新页面的“报名流程”段落下面，利用SmartArt制作本次活动的报名流程（校摄影协会报名号、座席号、领取资料、入场券）。

7．保存文件。

Excel 操作题

请在考生文件夹下打开文档“学生成绩.xlsx”，并按照题目要求完成下面的操作。注意：以下的文件必须都保存在考生文件夹下。

期末考试结束了，初三某班的班主任王老师需要对本班学生的各主科考试成绩进行统计分析。按照下列要求完成该班的成绩统计工作并按原文件名进行保存：

1．打开工作簿“学生成绩.xlsx”，在最左侧插入一个空白工作表，重命名为“初三学生档案”，并将该工作表标签颜色设为“紫色（标准色）”。

2．将以制表符分隔的文本文件“学生档案.txt”自A1单元格开始导入到工作表“初三学生档案”中，注意不得改变原始数据的排列顺序。将第1列数据从左到右依次分成“学号”和

“姓名”两列显示。最后创建一个名为“档案”、包含数据区域 A1:G56、包含标题的表，同时删除外部链接。

3．在工作表“初三学生档案”中，利用公式及函数依次输入每个学生的性别“男”或“女”、出生日期“××××年××月××日”和年龄。其中：身份证号的倒数第2位用于判断性别，奇数为男性，偶数为女性；身份证号的第7～14位代表出生年月日；年龄需要按周岁计算，满1年才计1岁。最后适当调整工作表的行高和列宽、对齐方式等，以方便阅读。

4．参考工作表“初三学生档案”，在工作表“语文”中输入与学号对应的“姓名”；按照期中、期末成绩各占 40%、60% 的比例计算每个学生的“学期成绩”并填入相应单元格中；按成绩由高到低的顺序统计每个学生的“学期成绩”排名并按“第n名”的形式填入“班级名次”列中；按照下列条件填写“期末总评”：

语文、数学的学期成绩	其他科目的学期成绩	期末总评
≥102	≥90	优秀
≥84	≥75	良好
≥72	≥60	及格
<72	<60	不合格

5．将工作表“语文”的格式全部应用到其他科目工作表中，包括行高（各行行高均为22默认单位）和列宽（各列列宽均为14默认单位）。并按上述4. 中的要求依次输入或统计其他科目的“姓名”“学期成绩”“班级名次”和“期末总评”。

6．分别将各科的“学期成绩”引入到工作表“期末总成绩”的相应列中，在工作表“期末总成绩”中依次引入姓名、计算各科的平均分、每个学生的总分，并按成绩由高到底的顺序统计每个学生的总分排名，并以 1、2、3……形式标识名次，最后将所有成绩的数字格式设为数值、保留两位小数。

7．在工作表“期末总成绩”中分别用红色（标准色）和加粗格式标出各科第一名成绩。同时将前10名的总分成绩用浅蓝色填充。

PPT操作题

请参考素材中的 PPT 文件，按照如下要求完成演示文稿的制作，并将其命名为“会议管理课件.pptx”文件保存。

某学校两位教师共同制作一份课件，两位老师分别制作完成的第一章前两节内容存放在文件“第 1—2 节.pptx”中，后三节内容存放在文件“第 3—5 节.pptx”中，最后需要按下列要求完成课件的整合制作：

1．将演示文稿“第 3—5 节.pptx”中的所有幻灯片合并到“会议管理课件.pptx”中，要求所有幻灯片保留原来的格式，为整个演示文稿设定一个恰当的设计主题。以下的操作均在文档“会议管理课件.pptx”中进行。

2．将“会议管理课件.pptx”的最后插入一张幻灯片，将其版式设置为“空白”。

3．在“会议管理课件.pptx”的第 8 张幻灯片中插入与素材“会议追踪事项表.docx”文档中所示相同的表格。

4．将第一张幻灯片中的标题内容链接到第 8 张幻灯片上。

5．为整个幻灯片添加页脚，页脚内容为“会议的成本分析”。

6．为幻灯片设置 2 种以上切换方式，以丰富放映效果。

真 题 三

Word操作题

请在考生文件夹下打开文档“word.docx”，并按照题目要求完成下面的操作。注意：以下的文件必须都保存在考生文件夹下。

文档“word.docx”是一篇从互联网上获取的文字资料，请打开该文档并按下列要求进行排版及保存操作：

1．将文档中的西文空格全部删除。

2．将纸张大小设为 16 开，上边距设为 3.2 cm、下边距设为 3 cm，左右页边距均设为 2.5 cm。

3．利用素材前三行内容为文档制作一个封面页，令其独占一页（参考样例见文件“封面样例.png”）。

4．将标题“（三）咨询情况”下用蓝色标出的段落部分转换为表格，为表格套用一种表格样式使其更加美观。基于该表格数据，在表格下方插入一个饼图，用于反映各种咨询形式所占比例，要求在饼图中仅显示百分比。

5．将文档中以“一、”“二、”……开头的段落设为“标题 1”样式；以“（一）”“（二）”……开头的段落设为“标题 2”样式；以“1、”“2、”……开头的段落设为“标题3”样式。

6．为正文第 3 段中用红色标出的文字“统计局队政府网站”添加超链接，链接地址为“http://www.bjstats.gov.cn/”。同时在“统计局队政府网站”后添加脚注，内容为“http://www.bjstats.gov.cn”。

7．将除封面页外的所有内容分为两栏显示，但是前述表格及相关图表仍需跨栏居中显示，无需分栏。

8．在封面页与正文之间插入目录，目录要求包含标题第1-3级及对应页号。目录单独占用一页，且无须分栏。

9．除封面页和目录页外，在正文页上添加页眉，内容为文档标题“北京市政府信息公开工作年度报告”和页码，要求正文页码从第 1 页开始，其中奇数页眉居右显示，页码在标题右侧，偶数页眉居左显示，页码在标题左侧。

10．将完成排版的文档先以原 Word 格式即文件名“北京政府统计工作年报.docx”进行保存，再另行生成一份同名的 PDF 文档进行保存。

Excel操作题

请在考生文件夹下打开文档Excel.xlsx，并按照题目要求完成下面的操作。注意：以下的文件必须都保存在考生文件夹下。

小张是一家图书销售公司担任市场部助理，主要的工作职责是为部门经理提供销售信息的分析和汇总。

请你根据销售数据报表（Excel.xlsx），按照如下要求完成统计和分析工作：

1．请对“订单明细表”工作表进行格式调整，通过套用表格格式方法将所有的销售记录调整为一致的外观格式，并将“单价”列和“小计”列所包含的单元格调整为“会计专用”（人民币）数字格式。

2．根据图书编号，请在“订单明细表”工作表的“图书名称”列中，使用VLOOKUP函数完成图书名称的自动填充。“图书名称”和“图书编号”的对应关系在“编号对照”工作表中。

3．根据图书编号，请在“订单明细表”工作表的“单价”列中，使用VLOOKUP函数完成图书单价的自动填充。“单价”和“图书编号”的对应关系在“编号对照”工作表中。

4．在“订单明细表”工作表的“小计”列中，计算每笔订单的销售额。

5．根据“订单明细表”工作表中的销售数据，统计所有订单的总销售金额，并将其填写在“统计报告”工作表的B3单元格中。

6．根据“订单明细表”工作表中的销售数据，统计《MS Office高级应用》图书在2012年的总销售额，并将其填写在“统计报告”工作表的B4单元格中。

7．根据“订单明细表”工作表中的销售数据，统计文林书店在2011年第3季度的总销售额，并将其填写在“统计报告”工作表的B5单元格中。

8．保存“Excel.xlsx”文件。

PPT操作题

请参考素材中的“图书策划方案.docx”文件，按照如下要求完成演示文稿的制作，并将其命名为“图书策划方案.pptx”文件保存。

创建一个新的演示文稿，内容需要包含“图书策划方案.docx”文件中所有讲解的要点，包括：

演示文稿中的内容编排，需要严格遵循Word文档中的内容顺序，并仅需要包含Word文档中应用了“标题1”样式的文字内容。

Word文档中应用了“标题1”样式的文字，需要成为演示文稿中每页幻灯片的标题文字。

1．为演示文稿应用一个美观的主题样式。

2．在标题为“2016年同类图书销售统计”的幻灯片页中插入一个6行5列的表格，列标题分别为“图书名称”“出版社”“作者”“定价”“销量”。

3．在标题为“新版图书创作流程示意”的幻灯片中，将新版图书创作流程示意利用

SmartArt图形中的组织结构图展现，其中顶层内容为“新版图书创作流程示意图”。

4．在该演示文稿中创建一个演示方案，该演示方案包含第 1 、2 、4 、7 张幻灯片，并将该演示方案命名为“放映方案 1 ”。

5．在该演示文稿中创建一个演示方案，该演示方案包含第 1 、2 、3 、5 、6 张幻灯片，并将你该演示方案命名为“放映方案 2 ”。

6．保存文件。